以杏仁粉、椰子粉取代麵粉，

低醣‧生酮
10分鐘 甜點廚房

精心設計最簡易、即食的 65 道美味甜點

〔資深料理老師&生酮實踐者〕**彭安安**／著
〔成大醫院斗六分院營養師〕**賴美娟**／食譜審訂

請享用簡單、
溫暖、易做的低醣甜點

在出版了前一本著作——《低醣・生酮常備菜》受到各界的矚目及好評之後，收到很多讀者的支持與回饋，並因為「低醣生酮飲食」認識了很多新朋友。這期間幾乎每天都會有讀者留言反應：「自從買了安安老師的書，才有信心自己料理，但是書裡面的點心好少呀……」。

更多學生跟我吐露心聲，在低醣生酮飲食的路上，放棄了姊妹淘的下午茶聚會，甚至是生日派對，原因竟然是去了又不能吃，還會受到質疑，不一定能得到正面的支持，大部分是令人沮喪的！身為一位全台走透透的料理講師，走到哪裡，心疼到哪裡啊……，不論是否執行生酮、低醣、減醣、控制飲食中的妳或你，你們的聲音催生了這本書的執行。

飲食牽動著人際關係

我仔細地回想，今年過年吃完年夜飯之後開始執行的生酮飲食計畫，當時的我有沒有遇到這些困難？有沒有推掉姊妹下午茶？有沒有為了控制飲食婉拒邀約？有沒有因此受到親朋好友「關切」？答案是：沒有。

不是沒有人約，而是我自己準備我的下午茶、派對食物或是午晚餐！我並沒有拒絕或切斷我的交誼聚會，更沒有因為在三個月內連續拒絕朋友邀約而被抱怨。

　　一起吃飯是一件很有溫度的事，一起下午茶更是必須的療癒！很多人節食減重、控制熱量、壓低血糖換來了情緒不穩定、口臭舌乾、皮膚乾燥，嚴重的還會大量落髮、甚至停經，這些都是生理上的折磨（也可能是飲食改變導致身體暫時的機制轉換），事實上，最困擾的是你無法與他人共桌吃飯，囚禁了自己。

選擇想要的飲食方式，美麗做自己

　　我希望藉由這本新書的出版，跟大家分享我的共食經驗、保有原本的飲食交流以及生活風格，可以每天美麗地做自己！

　　在某一個下午，我比手畫腳地對著負責此書的主編說：妳想像一下，你穿著美美的洋裝，和幾個閨蜜在一間灑滿陽光的特色咖啡廳裡，每個女生都點了下午茶甜點套餐，只有妳單點一杯黑咖啡，是不是會覺得淒慘無比……。

　　但是如果妳從包包裡拿出自己精心製作的小點心，整個下午的話題立刻逆轉、目光聚焦，還可以跟好朋友分享自己的飲食、生活點滴，這就是我的低醣生酮飲食態度！做自己！不委屈、很快樂！

無須高手過招，簡單烘焙、低醣健康

　　延續安安老師一向的教學風格，做給自己以及心愛家人的飲食，簡單易學常上桌為最大原則，這裡的甜點烘焙只要知道原則、認識替代食材、有基本工具，完全不需要丙級、乙級的專業證照或任何烘焙基礎！練習拋下一些既有觀念或是操作習慣，不論在做料理或是玩烘焙，低醣生酮飲食之路一樣精采！

資深料理講師＆生酮實踐者

CONTENTS 目錄

Part_6

低醣麵包＆蛋糕

有如五星級下午茶的
豐盛點心盤

簡單快速、立即上手的「低醣生酮甜點」

不是烘焙咖，也能成功做出立即解饞的低醣生酮點心。

備妥三大「低醣」粉材 × 五種「生酮」好食材，

不用專業級烤箱，利用家中現有小家電，

就能製作出用錢也買不到的美味。

快速了解「低醣・生酮飲食」

「低醣飲食」的碳水化合物攝取量需控制在 50 ～ 100 公克，
「生酮飲食」需控制在 50 公克以下

　　「生酮飲食」（Ketogenic Diet）是藉由降低碳水化合物的攝取量，進而讓身體產生酮體的一種飲食方式。

　　在介紹「生酮飲食」之前，可先認識「低醣飲食」。低醣飲食（Low Carbohydrate Diet）是指將每天的碳水化合物（註）的攝取量控制在 50 ～ 100 公克左右，因而提高蛋白質與油脂的攝取量，藉以補充部分的碳水化合物作為身體的能量來源。而將「低醣飲食」每日攝取的碳水化合物再降低至 50 公克以下，身體只好燃燒脂肪作為能量，因此產生的代謝物酮體（ketone）濃度升高，可以用尿液試紙或血酮機驗出酮體，稱為「生酮飲食」。

　　「低醣飲食」和「生酮飲食」的共通性就是需要降低碳水化合物的攝取量。現代人的飲食習慣充滿了過多精緻糖與精緻澱粉，像是含糖飲料、甜點蛋糕、米飯麵食、麵包饅頭、炸地瓜薯條等等，不僅攝取過量，加上運動量少無法順利代謝，長期失調下就造成像是心血管疾病、中風症狀、糖尿病、代謝症候群、癌症、失智症、帕金森氏症等文明病的提早發生。

註：這裡指的碳水化合物，指的是「淨碳水化合物」。膳食纖維不會被人體吸收，不會升高血糖，不用計算在內。「淨碳水化合物」等於「總碳水化合物」－「膳食纖維」的量）。

·均衡飲食、低醣飲食、生酮飲食的營養成分分析·

哪些人不能實行「生酮飲食」？

❶ 有脂質代謝異常的人。

❷ 正在服用降血糖藥或施打胰島素的糖尿病患者，如採取低醣生酮飲食法，可能會造成低血糖，必須減少藥量，請務必與主治醫生諮詢評估執行的可能。

「低醣‧生酮甜點」該怎麼吃？

低醣甜點可以偶爾吃、少量吃，千萬不能取代正餐

　　自從《低醣‧生酮常備菜》一書出版後，許多原本不會下廚的人，開始嘗試自己料理，也才發現原來「做出低醣生酮料理」並不困難。只要掌握三大原則：1、控制每日碳水化合物的攝取量；2、攝取足夠蛋白質；3、多吃好油。當你開始了解每一種食物的成分構成時，便學會判斷與選擇的能力，輕鬆將「低醣生酮飲食」落實於生活中。

　　對於很多人來說，「低醣‧生酮常備菜」解決了他們日常怎麼吃、吃什麼才好的困擾，將正餐主食成功的改變與轉換，但是伴隨而來的是……「好懷念甜點的滋味」，有沒有更多的選擇，可以滿足想要吃點心的口腹之欲呢？

　　為了滿足廣大甜點控的需求，設計了這本低醣生酮甜點食譜，期望能為大家在低醣生酮飲食的路上，帶來滿足與亮點。本書的食譜配方選用的都是低醣食材，以椰子粉、杏仁粉等粉材取代麵粉；赤藻糖醇、甜菊糖等代糖取代砂糖；加入好油脂（奶油、椰子油）、牛奶、雞蛋製作，剛好提供油脂與蛋白質給生酮飲食者。

　　雖然選用低醣的材料製作，不過甜點畢竟不是正餐，建議食用時仍需掌握以下原則：

原則 1　偶爾吃，不過量、不影響正餐飲食

　　雖然低醣生酮甜點有很多好處，不過就如同一般「正常飲食」，還是要以正餐為主要營養來源，甜點只能偶爾吃之，千萬不要本末倒置，也不要誤以為可以將這些點心當作是天天吃的食物，請適度、適量的食用。

原則 2　控制碳水化合物的攝取量

即使是低醣甜點，如果食用過量，碳水化合物或蛋白質的攝取量也有可能超標！當你要吃低醣甜點時，也需要小心計算，將碳水化合物的攝取量考慮進去，控制好一整天的碳水量，遵守低醣生酮的飲食原則。也不要為了吃甜點，將碳水的攝取量全部留給甜點，犧牲掉其他全食物的營養與比例。

低醣生酮甜點雖然碳水量較低，但只能偶爾吃、少量吃，不能作為主要飲食來源。

原則 3　選擇好的油脂、對的材料製作

「不吃碳水化合物」而且「多吃好的脂肪」，身體才有可能產生酮體，缺一不可。好的脂肪包括：草飼奶油、冷壓椰子油、冷壓橄欖油、動物性脂肪（牛油、豬油、深海魚）等。所以在挑選低醣生酮甜點的材料製作時，也需符合以上精神。

脂肪攝食高可以產生酮體，但因熱量高，體重也可能攀升，如何取得平衡點，仍需視自身身體學習調配。

原則 4　依照自身的需求，調整食材

執行嚴格生酮飲食者，只要食用一般水果，碳水量很容易就會超標，雖然書中有使用穀物麥片、西洋梨、蘋果、柳橙等水果作甜點搭配，建議低醣飲食者可少量食用，但執行嚴格生酮飲食者，就需完全避免。

「低醣・生酮甜點」的製作原則

「低醣・生酮甜點」和一般甜點最大的差別
在於糖與粉類材料的替換

　　常聽到執行低醣生酮飲食的朋友們，打趣卻又寫實的說：「低醣麵包和人間麵包吃起來還是有所差距啊」，的確如此，低醣麵包甜點要做得和一般市面上吃到的完全一模一樣，還真是不大可能，不過換個角度想，把它當作是一種「全新的食物」，就不會有所比較，也不會帶來心理上的落差。

　　而我在研究低醣生酮甜點的試驗過程中，得到了一個鼓舞人心的結論：因為材料的限制，製作起來反而變得更簡單了！只要記住材料的替換原則，選擇方便好取得的材料，並視自己烘焙的程度，先以製作簡單、耗時短的種類開始，逐漸上手並有信心後，再嘗試挑戰難度較高的蛋糕點心，甚至還可以試著自己調整配方。

掌握「低醣・生酮甜點」的材料核心

1. 替代用糖（天然代糖）：赤藻糖醇、甜菊液、甜菊糖粉等等。
2. 替代用麵粉：杏仁粉、亞麻籽粉、椰子粉、黃豆粉。
3. 替代用黏著劑：奇亞籽、洋車前子粉、寒天粉。
4. 替代膨鬆劑：打發蛋白，適量的無鋁泡打粉、天然酵母。
5. 風味添加物：可可粉、肉桂粉、綠茶粉、抹茶粉、薑黃粉、咖啡粉、藍莓、草莓、覆盆子、黑莓、堅果、酸奶、優格等。

選用「低醣・生酮」 好食材

1. 高量的優質脂肪和油

　　脂肪是人體重要的能量來源，1 公克的脂肪可產生 9 大卡的熱量，而 1 公克的澱粉或蛋白質，則只能產生 4 大卡的熱量，如果用脂肪來燃燒的話十分

足夠，所以吃低油飲食時（例如只吃生菜沙拉減肥），很容易肚子餓就是這個原因。

要注意的是大多數植物油並不健康，醫學文獻指出容易引起全身性炎症，像是大豆油、芥花油、葵花籽油、玉米油等，事實上這類脂肪含有 ω-6 脂肪酸，攝取過多時可能導致慢性疼痛和疾病。例如芥花油是一種油菜籽油，在提煉的過程中會產生有害的副產品，即反式脂肪酸。

建議從肉類和堅果等天然來源獲取脂肪。飽和脂肪對大腦健康非常重要，例如奶油、椰子油、豬油和其他類型的飽和脂肪。人體大腦有很大比例是由飽和脂肪和膽固醇組成，大腦功能運作需要飽和脂肪，即便是對大腦健康有益的 ω-3 脂肪酸也需要飽和脂肪來幫助吸收；骨頭也需要飽和脂肪將鈣質與其他礦物質運輸到全身。

在製作料理或是點心油炸的油，建議使用豬油，例如自製豬油酥炸甜甜圈、麻花捲等。豬油有三大優點：

❶ 冒煙點較高：約 180 ～ 190℃，可用來煎鬆餅、油炸點心等。
❷ 保存時間長：豬油在 20℃ 左右呈現為固體，相當耐放。
❸ 烘焙的脆度：脂肪分子大，烘焙時可增加脆度，適合製作派皮、餅乾。

2. **蛋白質**：有機及牧場養殖雞蛋。而生酮飲食中的蛋白質，需占比 20 ～ 25%。

3. **蔬菜**：新鮮的蔬菜，選用綠葉類蔬菜，碳水化合物較低，而根莖類多屬於高碳類蔬菜。

4. **奶製品**：一定要買全脂乳製品，較硬的奶酪通常碳水化合物較少。

5. **堅果和種子**：適度食用堅果類，如夏威夷豆和杏仁。

6. **飲品**：主要是水或防彈咖啡。如果需要，可以用甜葉菊調味或檸檬、橙汁調味。

認識「低醣・生酮甜點」重要材料

以杏仁粉、椰子粉取代麵粉，赤藻糖醇代替精緻砂糖，
做出口感風味極佳的甜點

關於糖

在製作甜點的過程裡，糖是很重要的安定劑，蛋白打發也需要加糖。傳統的中西甜點需要加不算少比例的糖。低醣甜點該怎麼用糖呢？其實多操作幾次你會發現，利用赤藻糖醇打發，幾乎可以解決一切疑問，譬如舒芙蕾用打發赤藻糖醇；冰淇淋用赤藻糖醇打發＋雞蛋＋動物性鮮奶油；生酮提拉米蘇用赤藻糖醇打發＋免烤等等。打發使用赤藻糖醇，其他需要甜度改用甜菊糖、甜菊液，其甜度是一般糖的 80 倍高，可以滿足味覺！

1. 赤藻糖醇（Erythritol）

赤藻糖醇是建議的優先選擇，因為它不會使血糖或是胰島素上升，無熱量，也不像其他的糖醇會造成腸胃不適，因為它在小腸就被吸收了，不會跑到大腸。赤藻糖醇的甜度是糖的 70%，使用它代替糖時的比例為：赤藻糖醇：糖 = 1.3：1。

2. 甜菊糖 （Stevia）

是一種天然的甜味劑，由一種植物叫做 Stevia rebaudiana 萃取來的，液體的甜度為白糖的 300 倍。甜菊糖不會使血糖上升，而且零熱量，是非常好的甜味劑。

關於麵粉

　　一般做甜點要用麵粉，因為具有筋性，會凝聚成糰。而用杏仁粉取代，卻沒有筋性，所以必須加入一定比例的奇亞籽、洋車前子粉等，再加入前面介紹過的代糖，這樣的組合公式就成為無澱粉、無糖的甜點。在不斷的實驗期間，我也使用過黃豆粉來烘烤，但是試作試吃了幾次之後，不論口感或氣味，杏仁粉都優於黃豆粉。

1. 杏仁粉

　　是由杏仁去皮研磨成粉，含有豐富的不飽和脂肪酸、維生素和鈣、鐵等礦物質。常用於烘焙無穀物和低碳水化合物的烘焙產品。杏仁粉加進麵糊混合是最普遍的用法：像費南雪、杏仁蛋糕這一類的甜點，增添杏仁的風味及香氣，也適合用於餅乾、

麵包、蛋糕等點心的製作。杏仁粉還可以完全不添加麵粉，只用杏仁粉製作高品質的點心：例如達克瓦滋和馬卡龍等甜點。使用上的叮嚀：

❶ 堅果粉類會吸收麵糰中的水分，可以邊做邊調整。
❷ 一杯（240ml）杏仁粉約有 90 顆，一顆杏仁含有 7 大卡，所以一杯杏仁粉大約含有 630 大卡，因此以杏仁粉製作的甜點，不宜大量食用。

2. 椰子粉

　　是由椰子研磨而來的細粉，很適合用來製作並取代以麵粉，質輕有空隙帶清香，特別適合用來做司康、鬆餅、煎餅、蛋糕等。椰子粉的優點：

❶ 無麩質：許多人對麩質過敏，有越來越多證據顯示麩質其實對每個人的健康都有害，且是嗜睡、腹脹等等症狀的主要原因。
❷ 富含膳食纖維：食物中添加椰子粉可降低我們心臟病的風險、降低膽固醇、免於癌症和糖尿病。椰子粉可以幫助成年人達到每日建議纖維攝取量，烘培食品、做菜適時加入 1 ～ 2 匙非常有益。

❸ 富含好脂肪：由於椰子粉是從固態椰子萃取出來的，保留了大量的脂肪，且多數都是中鏈的三酸甘油酯，具有抗病毒、抗菌特性，還能促進新陳代謝，所以椰子粉也十分適合減重者。

❹ 助血糖平穩：因為富含纖維但易消化，碳水化合物含量卻很低，對血糖的影響不大，因此非常適合糖尿病患者或想避免血糖升高的人。

3. 亞麻籽粉

富含 Omega-3 脂肪酸，主要包括 DHA、EPA（只有動物中含有）及 α-亞麻酸（只有植物中含有）。DHA、EPA 在動物界中，以深海魚類如鯖魚、沙丁魚、鮭魚等含量最多。亞麻仁籽壓製成的亞麻仁油，又有素魚油之稱。

優點多多：

❶ 瘦身代謝：亞麻仁籽粉，文獻指出能將囤積在血管壁上及塞在體內的油脂重新與蛋白質結合，使體內脂肪從油溶性變成水溶性，順利被代謝，有助於小腹平坦。

❷ 排便順暢：亞麻仁籽的外殼含有木酚素，木酚素是可溶性纖維的優良來源，纖維質能預防便秘，使排便順暢，維護腸道黏膜及大腸的健康。

❸ 降血脂：Omega-3 脂肪酸是現代飲食中極易缺乏的營養素，具有保護心血管的功能，如預防血液凝結、降低膽固醇及血壓，以及減少三酸甘油脂含量等等。

❹ 抗炎症：Omega-3 脂肪酸可幫助緩解風濕性關節炎、牛皮癬、過敏引起發炎的症狀。

❺ 荷爾蒙：木酚素可調節體內荷爾蒙量，改善更年期症狀，可改善由荷爾蒙失調引起的經前症候群。

4. 奇亞籽（Chia seeds）

來自鼠尾草的種子，奇亞一詞出自於古馬雅語，意思為力量，指吃下後能得到神奇能量。奇亞籽也曾經是千年前南美阿茲特克人 (Aztecs) 的主食之一，由於富含多種養分，因此被視為超級食物，另外還具有吸水後膨脹以及高纖維的特性，因此能在腸胃中減緩澱粉轉換成糖的速度，被視為減肥聖品！優點如下：

❶ **營養密度高**：可以說是全穀類食物的第一名，而且不含會讓人過敏的麩質（Gluten-free），購買前最好確認產品經有機認證且非基因改造。

❷ **植物抗氧化劑**：奇亞籽裡含有豐富的抗氧化劑，能減緩種子中脂肪的酸化速度，讓種子能久存，更重要的是抗氧化劑能對抗造成老化及疾病的自由基。

❸ **低熱量富纖維**：每 100g 奇亞籽含有 44g 的碳化化合物，其中有 38g 是膳食纖維，約占 40%，是優質的纖維來源，這些膳食纖維不含熱量，也不會造成血糖上升，還能幫助好菌增長並促進腸胃功能！

❹ **富含蛋白質**：蛋白質在奇亞籽中約占 14%，在植物當中算是非常多的，利於人體吸收。

❺ **穩定血糖**：在飲食中藉由奇亞籽富含纖維及吸水膨脹的特性，可減緩澱粉轉換成糖的速度，讓血糖不至於暴漲暴跌，並讓精神較好且容易集中。

❻ **降低壞膽固醇、三酸甘油脂**：由於奇亞籽富含纖維、蛋白質及 Omega-3，可增進體內新陳代謝，研究發現若飲食中均勻攝取奇亞籽、燕麥等食物，能降低壞膽固醇及三酸甘油脂，並增加好膽固醇及減少發炎，對於預防心血管疾病有正面的效益。

5. 洋車前子種皮粉

相當優良的膳食纖維，纖維含量高達 87%。這個由印度車前子（Psyllium）的種子皮殼磨製的粉末，含有纖維素、半纖維素、果膠、木質素及藻酸等可溶性及不可溶性兩類纖維，具有強大的吸水性，遇水約可膨脹 50 倍。洋車前子種皮粉的膳食纖維質，已證實有下列功效：

❶ **吸水、保水及膨潤效果**：增加排便量，使腸管內壓正常、減少痔瘡、瘜肉的發生。

❷ **使腸內細菌正常**：促進腸蠕動、幫助排便、減少便秘的發生，還可減少有害菌生成、降低大腸癌的罹患率。

❸ **調節養分吸收**：除了可增加飽足感，減少食量，進而控制體重之外，亦可減少醣類吸收，調整血糖值、減少飢餓感、強化對糖尿病情的控制。甚至，還有減少中性脂肪的吸收、降低心臟病罹患率的功能。

學會計算食物中的碳水化合物

看懂食物營養成分，學會自行計算，掌握碳水攝取量

如何計算碳水化合物、蛋白質、脂肪等成分的攝取量呢？大部分的食物外包裝都有清楚的成分標示可以參考，如果沒有參考數值時，可以至衛福部的「食品營養成分資料庫」網站查詢，學會如何計算碳水化合物、蛋白質的分量，就能知道什麼能吃、能吃多少了。

參考食品外包裝營養成分分析。

 食品營養成分資料庫：
https://consumer.fda.gov.tw/Food/TFND.
aspx?nodeID=178

Step1　進入查詢首頁

進入「食品營養成分查詢」首頁。

輸入食物名稱

在「關鍵字」的欄位裡，輸入欲查詢的食物名稱。

成分分析

可看到每 100g 的食物裡，熱量、蛋白、脂肪、總碳水化合物等成分的含量。

自行算出「淨碳水化合物」

由上表可知，100g 的雞蛋，內含的「淨碳水化合物」＝「總碳水化合物」－「膳食纖維」＝ 2g － 0g ＝ 2g

本書使用說明

本書收錄了 65 道低醣生酮甜點食譜，只要掌握食材特性、營養成分，

也可以依個人喜好替換成其他搭配食材，更能活用本書。

材料說明

依照材料的多寡，標示 1 人份或多人份。需特別留意的是，許多蛋糕類甜點製作時分量較大，標示的為建議切分的分量，而營養標示也以每一份為單位。

營養成分

列出實行低醣生酮飲食時，最需留意的營養成分，以一份為單位。控制碳水化合物的量；攝取足夠的脂肪、蛋白質；留意膳食纖維的攝取量，避免便秘。

麵包 & 蛋糕

值得費心製作的濃情巧克力蛋糕

生酮巧克力蛋糕

材料（6 人份）

巧克力麵糊
蛋黃 … 3 顆
無鹽奶油 … 100g
赤藻糖醇 … 30g
鹽 … 1/3 茶匙
100% 苦甜巧克力磚 … 100g
杏仁粉 … 130g
無糖杏仁奶 … 30g

蛋白霜
蛋白 … 3 顆
檸檬汁 … 20g
赤藻糖醇 … 30g

工具
電子秤
打蛋器
電動攪拌器
篩網
攪拌盆
刮刀
蛋糕烤模
烤箱

作法

1 烤箱先以 180℃ 進行預熱。

2 將全部材料計量完成。

3 先將蛋黃及蛋白分離備用。粉類材料過篩備用。

4 苦甜巧克力磚切碎，再以隔水加熱的方式融化備用。

5 將室溫的無鹽奶油放入攪拌盆中拌切成小塊，再用打蛋器攪打成乳霜狀。

6 加入赤藻糖醇及鹽攪拌至蓬鬆狀且顏色變淡。

7 依序將蛋黃、融化的苦甜巧克力醬、杏仁粉及杏仁奶加入攪拌均勻備用。

8 製作蛋白霜。將蛋白、檸檬汁、赤藻糖醇放入攪拌盆中，用電動攪拌器打成尾端挺立的蛋白霜。

9 先取 1/3 的蛋白霜加入步驟 7 的蛋黃麵糊中攪拌均勻，再將剩下的蛋白霜一起混合均勻。

10 將烤模周圍抹上薄薄的一層奶油，再將麵糊倒入，並用刮刀將表面修飾平整，輕敲桌面幾下，將多餘氣泡震出。

11 放入預熱至 180℃ 的烤箱中烘烤 20 分鐘，然後將溫度調降為 160℃ 再烘烤 15 分鐘即完成。

136

每份	淨碳水化合物	脂肪	蛋白質	膳食纖維	熱量	冷藏保存
	4.5g	26g	9.7g	1g	321kcal	3天

137

熱量

需注意每份的熱量。甜點不能作為正餐,千萬不能食用過量,也需留意甜點熱量在一天總熱量的占比。

冷藏保存

每道食譜皆列出密封後,可冷藏保存的時間,不過依照氣候、冰箱機種的不同而異,故保存時效僅供參考,盡可能及早食用。

基本上含乳製品的甜點,因無添加防腐劑,密封狀態下盡速在3天內食用完畢;含乳飲品則建議立即飲用,以免奶水分離;無乳寒天果凍則可以冷凍保存7天以上。

基本工具

　　書中介紹的許多甜點，只需利用湯匙攪拌，或放入果汁機攪打即可，不過如果想要享受更多烘焙現烤美味，擁有以下的工具將有助於順利製作。

量測工具

電子秤

進行烘焙時，需精準測量材料與麵糰的重量，以公克為測量單位的電子秤，是必備工具。使用時，放上盛裝器皿按歸零鍵，再放入欲測量的材料即可。

量杯

量杯用來計量水、牛奶等液體材料，需選擇一眼就能看清楚內容物的透明材質，較為方便。

量匙

量匙通常一組依分量的不同分為四支，一大匙（15ml）、一小匙（5ml）、1/2小匙（2.5ml）、1/4小匙（1.25ml）等，用在加入泡打粉、糖等少量的材料，使用起來快速又方便。

攪拌工具

篩網

粉類材料進行混合攪拌前，先以篩網進行過篩，以避免結塊的情形，也能讓質地更為細緻，做出來的成品口感更好。

攪拌盆

用來混合攪拌材料或搓揉麵糰。選擇口徑寬、具深度的鋼盆較為方便操作。

打蛋器＆電動攪拌器

打散蛋液、攪拌材料時的混合工具，通常為鋼絲網狀造型。如果有電動攪拌器將能更為省事，尤其在製作某些蛋糕款式時，更需要電動攪拌器幫助打發蛋白霜。

刮刀

在拌勻材料或麵糰時，使用刮刀可以將沾黏在攪拌盆中的麵糰刮乾淨。可耐高溫的矽膠材質，用起來更為安心。

烘烤工具

餅乾烤模

各式各樣造型的餅乾烤模,能增加烘焙的樂趣,烘焙出爐的餅乾更讓小朋友愛不釋手。如果沒有餅乾烤模,也可以利用口徑較小的杯口壓出圓形小餅乾。

矽膠模＆果凍模

可耐高溫與低溫的矽膠模,不管是送進烤箱烘烤小點心,或是置於冰箱冷藏製作果凍,都相當方便。也可以選用一般小巧的果凍模來製作。

蛋糕烤模

如想挑戰製作更為進階的蛋糕時,就需利用烤模烘烤。圓形烤模可製作戚風蛋糕、小尺寸的長形烤模可製作磅蛋糕,還有一些特殊造型的愛心烤模等等。送入烤箱前需在烤模內側塗上一層奶油或椰子油,再放入麵糰,烘焙後較易脫模,如為不沾烤模,即可省略此步驟。

其他小工具

刨絲刀

在蛋糕或點心完成後，用刨絲刀刨一些橙皮、檸檬皮在蛋糕表面，不僅可以增加香氣，還能增加視覺美感。

刷子

將烤模送入烤箱前，利用刷子沾上融化的奶油或其他油類。矽膠材質的刷子使用與清洗都較為便利。

糖粉篩網

糖粉篩網較為小巧，通常用於甜點完成時，在表面輕撒糖粉作為裝飾。

材料準備

　　為了製作出「低醣」甜點，以杏仁粉、椰子粉取代一般麵粉，以赤藻糖醇代替精緻砂糖，並將生酮好食材融入甜點中，像是利用好油（椰子油、草飼奶油）、雞蛋、藍莓、堅果等食材來製作，維持生酮體質不破功。

主要粉類材料

杏仁粉

烘焙用杏仁粉是從杏仁研磨加工而來的產品，本身不會有杏仁的特殊味道，是本書的重要角色。杏仁粉有粗細之分，最細的杏仁粉通常用來做馬卡龍，而本書的甜點所使用的為較粗的杏仁粉，較易成糰，不易失敗。可在一般烘焙店購買。

椰子粉

椰子粉是將椰子果肉脫水後研磨成的粉狀，帶有淡淡的椰子香氣和風味，很適合用來製作點心。富含膳食纖維、蛋白質、好脂肪且無麩質的特性，很適合取代麵粉作為低醣生酮甜點的基底。可在一般烘焙店購買。

寒天粉

寒天又叫做洋菜，是從海藻植物中提取出的膠質物，又有「植物燕窩」的美名。纖維含量高，能刺激腸道蠕動；熱量低，能帶來飽足感。寒天粉加熱後為液狀，隨著溫度降低會逐漸凝固，適合做成冰涼的甜品。可在一般烘焙店或超市購買。

洋車前子粉

洋車前是一種植物，主要產於印度，含有豐富的膳食纖維，在印度常用於治療便秘，可增加腸道蠕動，清除廢物。洋車前子粉具吸水性，加在粉材中可幫助成糰。可在有機商店購買。

其他粉類材料

無鋁泡打粉

泡打粉是一種蓬鬆劑，加入烘焙甜點中可幫助讓口感變好。選擇無鋁泡打粉更為安心，可在一般烘焙店購買。

油脂 & 奶油

鮮奶油

鮮奶油有分紙盒包裝與噴式瓶罐裝，本書的甜點大多將鮮奶油用擠花的方式置於飲品與甜品上，故選用噴式鮮奶油。

無鹽奶油

無鹽奶油除了是許多甜點裡不可或缺的重要角色，也是防彈咖啡等飲品裡的必要添加物，成為生酮飲食者的常備食材，建議選擇品質穩定的大廠牌較為安心。

椰子油

書中使用的油品以椰子油、橄欖油為主。椰子油用於烘焙甜點中並不會帶來濃郁的椰子味，可以放心使用，又不用擔心影響風味。

代糖 & 鹽

赤藻糖醇

執行生酮飲食時，如果想要吃甜點，最常以赤藻糖醇來取代一般砂糖，因為其甜度為一般蔗糖的60～80％左右，每公克熱量僅約 0.2 大卡（一般砂糖每公克約 4 大卡）。另外，赤藻糖醇不會造成血糖明顯上升，所以適合糖尿病患者食用。書中的甜點皆可利用赤藻糖醇來製作，也可以自行依口味減量。

甜菊糖

由草本植物甜菊葉中提取出來的純天然甜味劑，幾乎不含熱量，也不會造成血糖振盪，糖尿病友也可以安心食用。市面上常見的有液體和粉狀兩種，不過甜菊糖帶有像是甘草的草本味，有些人的接受度較低，也可以替換成其他糖類。

椰糖

椰糖是東南亞國家主要的食糖，升糖指數（GI值）低，吃起來也不會有椰子味，近年來也逐漸成為蔗糖的替代品。不過椰糖仍屬糖類的一種，在消化過程中會緩慢分解葡萄糖，如需添加時也請酌量使用，盡量控制在最低限量。

海鹽／岩鹽

選擇天然的食用鹽，取代一般的精緻鹽。

奶蛋 & 乳酪 & 優格

雞蛋

好的雞蛋才能提供好的蛋白質，需挑選品質良好且穩定的雞蛋。選購時，拿起來有重量感，蛋殼厚實不易破裂。打蛋後，蛋黃呈現飽滿的半圓球狀，帶有彈性，與蛋白分明，即為健康新鮮的雞蛋。

全脂鮮乳

可選購一般的牛奶即可。如果有乳糖不耐症的人，可替換成去乳糖的牛奶，但需留意其碳水化合物的含量。

椰奶

椰奶是從椰子的果肉所萃取出來的，口感香醇，帶有濃濃的椰香氣息，做為飲品或甜品的調味，都能增加風味及香氣。為非乳製品，不含乳糖，不易刺激腸胃，也可以試著取代鮮奶。每 100ml 大約含有 5 公克的碳水化合物。

酸奶

酸奶是一種乳製品，經由牛奶發酵製成，口感香濃滑順，帶有微微酸味，可以直接食用，或是搭配莓類、酪梨，就是美味的甜點。

白乳酪

白乳酪的口感細緻、質感輕盈滑順、風味濃厚，可以做為一般的奶油乳酪使用。也可以直接加入堅果、莓果類拌勻食用，或是作為乳酪蛋糕等點心的材料。

奶油乾酪

有著濃濃的奶香味，在國外常作為塗抹於麵包吐司上的沾醬，微鹹的風味，也很適合拌入沙拉裡調味。適合用來製作乳酪蛋糕、提拉米蘇、奶酪捲等甜點。

希臘優格

一般市售的優格皆含有乳糖與碳水化合物，而希臘優格因為在脫脂過程中去除了部分乳糖，碳水量較低，更符合生酮的標準。可單吃或是添加堅果、莓果類一起享用，增加口感變化。

穀物

奇亞籽

奇亞籽雖然小小一顆，不過營養密度相當
高，是近年來備受矚目的「超級食物」之一。
富含 omega-3、抗氧化劑、膳食纖維且低熱
量，加水後會變成類似山粉圓的凝膠狀口
感，可增加飽足感。

堅果類

堅果的種類繁多，腰果、
杏仁果、夏威夷豆、南瓜
子等等，都很適合加在烘
焙甜點中，提升營養與風
味，還能帶來好油脂。不
過大部分的堅果熱量都不
低，需適度添加。

蔬果

豌豆苗

從早期的「精力湯」到近期流行的「綠拿鐵」，
都是利用各種蔬菜打成果汁，不過很多蔬菜果
汁都有很重的「菜味」，讓人卻步。但將豌豆
苗搭配上一些水果，呈現出的蔬果汁風味與口
感都極好，且 100 公克只含有 4.4 公克的碳水化
合物，請一定要試試看。

藍莓

藍莓的碳水化合物含量低，是水果中少數可以安心食用的種類（不過仍需要控制攝取量），也很適合加在優格或烘焙點心中。

蔓越莓

蔓越莓產於北美的少數地區，有很高的營養價值，且抗氧化效果佳，有「北美的紅寶石」的美名。加在烘焙甜點中，能豐富滋味，還能帶來美麗的視覺。

酪梨

含有豐富油脂、幾乎不含碳水化合物的酪梨，是生酮飲食裡的重要食材。像奶油般的綿密口感，又像水果般方便食用，可單吃或是打成果汁、加入甜點裡都相當美味，擁有多變吃法。

西洋梨

西洋梨是「高纖水果之王」且熱量低，每 100 公克的碳水化合物約 14 公克。置放越久糖分越高，如選用的是熟度夠的西洋梨，建議配方中的糖量可減少。

蘋果

熟成的蘋果能帶來香氣與甜味，很適合作為烘焙材料，不過要小心控制其碳水化合物的攝取量，避免一次食用太多分量。

Part

2

飲品

攪一攪、拌一拌，立即享用

無法忘情 Q 彈的珍珠奶茶，就以奇亞籽代替珍珠；
想喝果汁時，自製輕甜「綠拿鐵」，還能補充纖維質；
喝膩了防彈咖啡，改以「生酮卡布奇諾」變換口味，
來一杯快速解饞止飢的手沖飲料吧！

研發靈感來自西藏的酥油茶

防彈咖啡

材料（1 人份）

中深烘焙的咖啡豆 … 10g

草飼奶油 … 15g

MCT 油或冷壓初榨椰子油 … 15g

熱水 … 200ml

工具

量杯

電子秤

手沖咖啡工具

果汁機

盛裝器皿

作法

1 將全部材料計量完成。

2 將咖啡豆研磨成粉，以 200ml 的
   熱水沖泡出咖啡。

   註 也可以直接購買美式黑咖啡或是以
      濾掛式咖啡沖泡。

3 在果汁機或食物調理機中加入 15g
   的奶油與 15g 椰子油。

4 倒入黑咖啡，將所有材料攪打約
   20 ～ 30 秒，完全混合即完成。

什麼是 MCT 油？

MCT（medium chain triflyceride）為
中長鏈三酸甘油酯，萃取自椰子油或棕櫚核
仁油，可以快速被身體吸收利用。

一定要使用果汁機製作嗎？

利用果汁機或食物調理機攪打過的防彈
咖啡，會產生類似拿鐵的綿密口感，如果單
用湯匙攪拌，則無法呈現這樣的口感。

每份	淨碳水化合物	脂肪	蛋白質	膳食纖維	熱量	冷藏保存
	5 g	13 g	2 g	2 g	141 kcal	立即飲用

生酮卡布奇諾

材料（1 人份）

> 防彈咖啡 … 240ml
> 鮮奶油 … 30g

工具

> 量杯
> 電子秤
> 果汁機
> 盛裝器皿

作法

1　將全部材料計量完成。

2　所有材料用果汁機或食物調理機混和即完成。也可以直接將鮮奶油擠在防彈咖啡上飲用。

生酮卡布奇諾

　　如果直接以黑咖啡加入鮮奶油，油脂量不足且風味不佳，建議以質地細緻且奶香濃郁的防彈咖啡加入鮮奶油，口感、風味及油脂量都較為豐富。

每份	淨碳水化合物	脂肪	蛋白質	膳食纖維	熱量	冷藏保存
	9g	24g	2g	0g	243kcal	立即飲用

口感滑順好入口

防彈椰奶熱可可

材料（1人份）

椰奶 … 50g

椰子油 … 20g

無鹽奶油 … 20g

100% 無糖可可粉 … 10g

工具

電子秤

攪拌湯匙

馬克杯

作法

1　將全部材料計量完成。

2　將椰奶加熱後，再放入椰子油、奶油攪拌均勻。

3　加入可可粉，攪拌均勻即完成。

椰子油（Coconut Oil）

提取自成熟椰果肉中的食用油。是熱帶地區的人們攝取脂肪的主要來源。椰子油對熱的反應非常穩定，適合用於高溫烹調。由於椰子油對熱具穩定性，因此它具有氧化慢、抗酸敗的特點。

凝固的椰子油，還可以使用嗎？

椰子油置於低於 25℃ 以下的環境，就會呈現半凝固或凝固，此為自然的現象並非變質，無須擔心，只要隔水加熱後，就會恢復液態狀。

每份	淨碳水化合物	脂肪	蛋白質	膳食纖維	熱量	冷藏保存
	5 g	49 g	4 g	0 g	461 kcal	立即飲用

散發淡淡的堅果香

核桃牛奶

材料（1 人份）

原味核桃 … 35g

牛奶 … 250ml

工具

量杯

電子秤

果汁機

作法

1 將全部材料計量完成。

2 將核桃、牛奶放入果汁機攪打，將
核桃打至細碎即可。

   Tips 如果想要喝到更細緻的口感，可
   利用篩網進行過濾。

無乳糖鮮奶

如果有乳糖不耐症的人，可以選擇不含乳
糖的鮮奶，即能安心飲用。

每份	淨碳水化合物	脂肪	蛋白質	膳食纖維	熱量	冷藏保存
	2 g	33 g	14 g	2 g	396 kcal	立即飲用

無草味、值得一試的好風味

清新綠拿鐵

材料（1 人份）

豌豆苗 … 50g

柳橙 … 50g

較熟的蘋果 … 100g

開水 … 150ml

工具

量杯

電子秤

果汁機

梅森罐

作法

1　將全部材料計量完成。

2　將豌豆苗洗淨，柳橙、蘋果去皮切成小塊。

3　將全部材料放入果汁機攪打即可。

綠拿鐵的比例調配

以一杯 350c.c. 的綠拿鐵來說，建議搭配的蔬菜占總比例的 1/7，風味會較好。如果擔心體質較寒，可加入少許的生薑一起攪打飲用。或是可加入少許堅果、油脂豐富口感。

每份	淨碳水化合物	脂肪	蛋白質	膳食纖維	熱量	冷藏保存
	21 g	1 g	3 g	5 g	105 kcal	立即飲用

奇亞籽可可椰奶

材料（1 人份）

奇亞籽 … 10g

冷開水 … 60ml
（約為奇亞籽的 6 倍）

椰奶 … 5g

100% 無糖可可粉 … 10g

赤藻糖醇 … 10g

工具

| 量杯 | 攪拌湯匙 |
| 電子秤 | 馬克杯 |

作法

1 將全部材料計量完成。

2 將奇亞籽倒入冷開水中，浸泡 10
分鐘。

   Tips 熱水會破壞奇亞籽的營養素，所
   以一定要以冷水浸泡。

3 將椰奶加熱後，再放入可可粉、赤
藻糖醇攪拌均勻。

   Tips 赤藻糖醇也可視個人口味省略。

4 食用前加入浸泡開來的奇亞籽，攪
拌均勻即可飲用。

奇亞籽一定要浸泡嗎？

奇亞籽如果沒有經過浸泡、直接食用，會過度吸收胃裡的水分，所以通常建議要以冷
水浸泡後再食用。10g 的奇亞籽大約有 53 大卡，食用時需適量。

每份	淨碳水化合物	脂肪	蛋白質	膳食纖維	熱量	冷藏保存
	5 g	15 g	5 g	4 g	141 kcal	立即飲用

自然濃郁的迷人風味

低碳酪梨奶昔

材料（1 人份）

熟酪梨 … 1/2 顆

椰奶 … 50g

赤藻糖醇 … 10g

冰塊 … 少許

工具

電子秤

果汁機

作法

1　將全部材料計量完成。

2　將酪梨切成小塊狀。

3　將酪梨、椰奶、赤藻糖醇放入果汁機攪打均勻即可。可視個人喜好，添加冰塊。

如何挑選熟成的酪梨？

　　熟度不夠的酪梨，吃起來會帶有澀味，要打成汁的酪梨建議選用較熟成的狀態，可以帶來更好的風味。買回來還未熟成的酪梨，置於室溫約一星期即可，如放置冰箱冷藏，反而無法完熟。

Point1　拿起酪梨輕輕搖一搖，如果有聽到果核與果肉碰撞的聲音，代表已熟成。

Point2　選擇果柄無脫落且略為黃色的酪梨。

Point3　用手指輕壓蒂頭與果核中間的部位，有微微的彈性即表示熟成。

每份	淨碳水化合物	脂肪	蛋白質	膳食纖維	熱量	冷藏保存
	0 g	15 g	2 g	3 g	163 kcal	1 天

高纖抗氧化的清涼果汁

西洋梨椰奶冰沙

材料（1人份）

較熟的西洋梨 … 135g

椰奶 … 50g

赤藻糖醇 … 10g

冰塊 … 少許

工具

電子秤

果汁機

盛裝器皿

作法

1　將全部材料計量完成。

2　將西洋梨切成小塊狀。

3　將全部材料放入果汁機攪打均勻即可。

Tips　熟成的西洋梨本身即帶有甜味，可視個人口感將赤藻糖醇減量或完全不加。

如何挑選熟成的西洋梨？

　　西洋梨有「高纖水果之王」的美名，不僅膳食纖維含量高，低熱量，不會造成身體負擔；低升糖指數（GI），不會讓血糖飆升，糖尿病患者也能安心食用。

　　西洋梨的品種有很多，常見的有紅色外皮、綠色外皮兩種，但嚐起來的味道並沒有太大的差異。買回來還未熟成的西洋梨，置於室溫即可，如放在冰箱冷藏，反而無法熟成。用大拇指輕輕按壓西洋梨的蒂頭處，如果有微微的軟度，即代表熟成了。

每份	淨碳水化合物	脂肪	蛋白質	膳食纖維	熱量	冷藏保存
	16 g	**11** g	**1** g	**3** g	**166** kcal	**1** 天

Part

3

果凍優格

混合、攪拌、冷藏，
冰涼爽口的低卡點心

寒天粉加入配料攪一攪放入冰箱，

就能做出滑溜低卡的「莓果寒天凍」、「酪梨果凍」；

利用白乳酪、馬斯卡彭起司做出令人驚豔的奶酪，

都是免開火就能完成的簡易快速甜點。

濃郁奶香與顆粒口感兼具

奇亞籽椰奶酪

材料（2 人份）

椰奶 … 100g

奇亞籽 … 2g

赤藻糖醇 … 2g

工具

電子秤

攪拌湯匙

盛裝器皿

作法

1 將全部材料計量完成。

2 將所有材料放入杯中並攪拌均勻。

3 放入冰箱冷藏 20 分鐘以上，或是
置放隔夜，讓奇亞籽完全吸收水分
泡脹開來。

Tips1 奇亞籽加越多會越濃稠，可視個
人口感喜好增減。

Tips2 赤藻糖醇也可以省略不加，單純
享用無糖的椰奶香氣。

每份	淨碳水化合物	脂肪	蛋白質	膳食纖維	熱量	冷藏保存
	2.6g	**11.5**g	**1**g	**0.5**g	**111**kcal	**1**天

沁涼滑嫩的低卡低碳點心

莓果寒天凍

材料（2 人份）

　熱開水 … 100ml

　寒天粉 … 1g

　小紅莓醬 … 15g

工具

　量杯

　電子秤

　攪拌湯匙

　模型

作法

1　將全部材料計量完成。

2　先用熱開水將寒天粉泡開，趁著溫
　熱時將莓醬放入，並攪拌均勻。

3　將步驟 2 材料趁溫熱時倒入模型
　中，放入冰箱冷藏 20 分鐘以上，
　使其定型。

4　取出模型將寒天凍倒扣出來，可視
　個人喜好搭配新鮮藍莓或草莓。

每份	淨碳水化合物	脂肪	蛋白質	膳食纖維	熱量	冷藏保存
	0g	0g	0g	1g	4.5kcal	3天

簡單快速的即時美味

奇亞籽希臘優格

材料（2 人份）

奇亞籽 … 1g

冷開水 … 10ml

希臘優格 … 100g

工具

量杯

電子秤

攪拌湯匙

盛裝器皿

作法

1　將全部材料計量完成。

2　先將 1g 奇亞籽加入 10ml 冷開水中泡開。

3　將泡開後的奇亞籽加入希臘優格中，食用前再攪拌混和即可。

希臘優格與一般優格有何不同？

　　希臘優格（Greek Yogurt）源自於地中海區域，在牛奶或羊奶中加入菌種製成，比一般優格多了一道過濾的程序，將水分與乳清去除，形成更為濃稠的質地與口感。希臘優格比一般優格的碳水化合物含量更低，對於低碳或生酮飲食者更為有幫助。

每份	淨碳水化合物	脂肪	蛋白質	膳食纖維	熱量	冷藏保存
	6.8g	**2**g	**1.5**g	**0**g	**48.5**kcal	**3**天

加一加、拌一拌，美味立即享用

無糖穀物乳酪

材料（2 人份）

白乳酪 … 50g
無糖穀物麥片 … 10g

工具

電子秤
攪拌湯匙
盛裝器皿

作法

1 將全部材料計量完成。

2 將無糖穀物壓碎備用。

3 將白乳酪放於室溫軟化，再以湯匙
稍微拌打後，搭配步驟 2 的穀物
碎片食用。

每份	淨碳水化合物	脂肪	蛋白質	膳食纖維	熱量	冷藏保存
	3.4g	**20.5**g	**0.5**g	**0.2**g	**196**kcal	**3**天

品嘗綿密又滑順的好滋味

馬斯卡朋巧克力慕斯

材料（2人份）

馬斯卡朋起司 … 100g

鮮奶油 … 15g

無糖可可粉 … 15g

赤藻糖醇 … 5g

工具

電子秤

攪拌盆

打蛋器

盛裝器皿

作法

1　將全部材料計量完成。

2　將全部材料放入攪拌盆中，以打蛋器攪打混合均勻即可。

> Tips1　在慕絲上撒上一些可可粉，看起來會更加美味。

每份	淨碳水化合物	脂肪	蛋白質	膳食纖維	熱量	冷藏保存
	6.7g	24g	3.2g	1.8g	255kcal	1天

吃得到清新的抹茶香氣

抹茶寒天 QQ

材料（2 人份）
- 抹茶粉 … 1g
- 寒天粉 … 1g
- 熱開水 … 100ml

工具
- 量杯
- 電子秤
- 攪拌湯匙
- 模型

作法

1　將全部材料計量完成。

2　在熱開水中倒入寒天粉並攪散，再加入綠茶粉攪拌均勻。

3　趁微溫熱時倒入模型中，再放入冰箱冷凍定型。

4　約 20 分鐘後取出，即可享用。

每份	淨碳水化合物	脂肪	蛋白質	膳食纖維	熱量	冷藏保存
	0g	0.2g	0g	0.8g	1.1kcal	7天

無糖冰涼小甜點

奶蓋綠茶凍

材料（2 人份）

綠茶粉 … 1g

寒天粉 … 1g

熱開水 … 100ml

鮮奶油 … 25g

工具

量杯

電子秤

攪拌湯匙

模型

盤子

作法

1　將全部材料計量完成。

2　在熱開水中倒入寒天粉並攪散，再加入綠茶粉攪拌均勻。

3　趁微溫熱時倒入模型中，再放入冰箱冷凍定型。

4　約 20 分鐘後取出，倒扣在盤子上並擠上鮮奶油即完成。

每份	淨碳水化合物	脂肪	蛋白質	膳食纖維	熱量	冷藏保存
	0.5g	5g	0.5g	1g	45kcal	1天

小紅莓希臘優格奶酪

材料（2 人份）

白乳酪 … 25g

希臘優格 … 25g

新鮮小紅莓 … 15g

工具

電子秤

攪拌湯匙

盛裝器皿

作法

1　將全部材料計量完成。

2　將白乳酪置於室溫軟化後，加入希臘優格攪拌混合，再搭配新鮮小紅莓果即完成。

每份	淨碳水化合物	脂肪	蛋白質	膳食纖維	熱量	冷藏保存
	2 g	4.5 g	2.5 g	0 g	200 kcal	1 天

纖維含量高的酸甜紅寶石

紅石榴果凍

材料（1 人份）

| 紅石榴籽 … 40g
| 寒天粉 … 1g
| 熱開水 … 100ml

工具

| 量杯
| 電子秤
| 攪拌湯匙
| 模型

作法

1 將全部材料計量完成。

2 在熱開水中倒入寒天粉並攪散均勻。

3 先將紅石榴籽放入模型中，再將步驟 2 的寒天液趁微溫熱時倒入。

4 將模型放入冷凍庫定型，約 20 分鐘後取出即可享用。

| 每份 | 淨碳水化合物 **4**g | 脂肪 **2**g | 蛋白質 **1**g | 膳食纖維 **3**g | 熱量 **27**kcal | 冷藏保存 **7**天 |

酪梨的新鮮吃法

酪梨果凍

材料（1 人份）

酪梨 … 40g

寒天粉 … 1g

熱開水 … 100ml

工具

量杯

電子秤

攪拌湯匙

模型

作法

1　將全部材料計量完成。

2　將酪梨切成小丁狀備用。

3　在熱開水中倒入寒天粉並快速攪拌均勻，趁微溫熱時倒入模型中。

4　將酪梨小丁加入模型中。

5　將模型放入冰箱冷凍定型，約 20 分鐘後取出即可享用。

每份	淨碳水化合物	脂肪	蛋白質	膳食纖維	熱量	冷藏保存
	0g	2g	1g	3g	29kcal	7天

傳達愛和幸福的義式甜點

低碳提拉米蘇

材料（3 人份）

動物性鮮奶油 … 50g

赤藻糖醇 … 5g

馬斯卡朋起司 … 100g

咖啡粉 … 5g

熱水 … 20g

無糖可可粉 … 1g

自製巧克力蛋糕 1 片 … 193g
（參閱 p.136）

工具

電子秤	刷子
電動攪拌器	模型
木匙	篩網
攪拌盆	盛裝器皿
刮刀	

作法

1 將全部材料計量完成。

2 將動物性鮮奶油加糖後，用電動攪拌器打發至不會流動的狀態，冷藏備用。

3 馬斯卡朋起司用木匙壓軟，加上步驟 2 的鮮奶油拌至滑順狀備用。

4 咖啡粉用熱水泡開，做成咖啡液備用。

5 在模型中放入蛋糕薄片，刷上步驟 4 的咖啡液，再舖上一層步驟 3 的起司糊。

6 再重複一次步驟 5 的步驟，最後將表面刮平，放入冰箱冷藏至少 3 小時即可。

Tips1 食用前可利用篩網撒上一層無糖可可粉，增添口感。

改良版的提拉米蘇

提拉米蘇是相當有名的義大利甜點，正統的作法是將手指餅乾泡過蘭姆酒或咖啡，再加上由馬斯卡朋起司、蛋黃、糖所製成的混合物，最後再撒上一層可可粉。

而這道改良版的提拉米蘇保留了馬斯卡朋起司，並加入了鮮奶油，再加上自製巧克力蛋糕片取代拇指餅乾，更具低醣生酮的精神。

每份	淨碳水化合物	脂肪	蛋白質	膳食纖維	熱量	冷藏保存
	1.3g	15g	3.8g	0.5g	244kcal	3天

南瓜慕斯

材料（5 人份）

南瓜 … 400g

甜菊糖 … 20g

椰子油 … 30g

藍絲可鮮奶油 … 250g

工具

電子秤	打蛋器
攪拌盆	模型
刮刀	電鍋

作法

1　將全部材料計量完成。

2　將南瓜肉用電鍋蒸熟，加入椰子油打成泥放涼備用。

　　Tips 南瓜皮刷洗乾淨連皮與籽一起蒸，可以留住營養素及香氣。

3　將甜菊糖加入鮮奶油中，以打蛋器或電動攪拌器攪打至呈泛白蓬鬆狀。

4　將南瓜泥用刮刀少量分批拌入鮮奶油中。

5　填入模型後，放入冰箱冷凍成形即完成。

每份	淨碳水化合物	脂肪	蛋白質	膳食纖維	熱量	冷藏保存
	12.8g	**23.6**g	**3.2**g	**1.4**g	**275**kcal	**3**天

Part

4

小家電點心

運用微波爐、平底鍋、電鍋，做出美味點心

放入電鍋、按下開關就完成的「古早味蛋糕」、「低糖布丁」；
將麵糊放入平底鍋煎烤，法式薄餅、美式鬆餅輕鬆上桌；
放進微波爐加熱 2 分鐘，「檸檬酸奶馬克杯蛋糕」香噴噴出爐，
無須專業烤箱，小家電就做得出的各種美味蛋糕。

簡單快速的即食點心

檸檬酸奶馬克杯蛋糕

材料（1 人份）

雞蛋 … 1 顆

杏仁粉 … 20g

無鋁泡打粉 … 1g

酸奶 … 15g

牛奶 … 15g

新鮮檸檬汁 … 8g

檸檬皮絨 … 少許

工具

| 電子秤 | 馬克杯 |
| 攪拌湯匙 | 微波爐 |

作法

1　將全部材料計量完成。
2　將 1 顆雞蛋（全蛋）放入馬克杯中攪散。
3　加入杏仁粉、無鋁泡打粉攪拌均勻。
4　加入所有液體類材料（酸奶、牛奶、檸檬汁）攪拌均勻。
5　放入微波爐以中強火力加熱 2 分鐘，或是看到蛋糕體浮起來即完成。
6　可視個人喜好，刨一點點檸檬皮絨在蛋糕表面裝飾並增加香氣。

每份	淨碳水化合物	脂肪	蛋白質	膳食纖維	熱量	冷藏保存
	9 g	17 g	11 g	1 g	245 kcal	1~2 天

杏仁奶油馬克杯蛋糕

材料（1 人份）

| 雞蛋 … 1 顆 |
| 杏仁粉 … 20g |
| 無鋁泡打粉 … 1g |
| 無鹽奶油 … 30g |
| 赤藻糖醇 … 5g |
| 堅果粒 … 少許 |

工具

| 電子秤 | 馬克杯 |
| 攪拌湯匙 | 微波爐 |

作法

1 將全部材料計量完成。

2 將 1 顆雞蛋（全蛋）放入馬克杯中攪散。

3 加入杏仁粉、無鋁泡打粉攪拌均勻。

4 加入奶油、赤藻糖醇攪拌均勻。

5 放入微波爐以中強火力加熱 1 分鐘，或是看到蛋糕體浮起來即完成。

6 可視個人喜好，撒上一點點堅果碎粒在蛋糕表面裝飾並增加口感。

每份	淨碳水化合物	脂肪	蛋白質	膳食纖維	熱量	冷藏保存
	1.7 g	38 g	7 g	0 g	369 kcal	3 天

回憶童年的純樸滋味

古早味杏仁電鍋蛋糕

材料（5 人份）

椰子油 … 70g
杏仁粉 … 100g
椰子粉 … 20g

蛋黃糊

蛋黃 … 4 顆
牛奶 … 100g

蛋白霜

蛋白 … 4 顆
赤藻糖醇 … 15g
檸檬汁 … 少許

工具

電子秤
篩網
平底鍋
鋼盆
電動攪拌器
刮刀
湯勺
打蛋器
烤模
電鍋

作法

1　將全部材料計量完成。

2　將杏仁粉、椰子粉以篩網過篩備用。

3　在平底鍋中加入椰子油，用小火加熱到出現油紋（鍋內四周的油很清楚的出現鋸齒狀）關火，再加入步驟 2 的過篩粉類快速攪拌，製成麵糊。

4　將蛋黃和牛奶混合均勻後，加入步驟 3 的麵糊中攪拌均勻。

5　將蛋白放入鋼盆中，用電動攪拌機以低速打到呈現粗泡泡，再加入幾滴檸檬汁和糖，再用中速攪打，打到攪拌器拿起呈現勾勾下垂狀，製成蛋白霜。

6　取 1/3 的蛋白霜加入到步驟 4 的蛋黃糊攪拌均勻。

7　倒入剩餘的蛋白霜，攪拌均勻後倒入烤模，將表面稍微刮平修飾。

8　放入大同電鍋內，先以一碗水大火蒸煮後，再開蓋確認蛋糕熟度，依狀況再添加水繼續蒸煮。

　　Tips 可用筷子插入蛋糕內測試熟度，如果筷子取出無沾黏，即代表熟了。

9　確認蛋糕熟了之後，取出並倒扣置放，蛋糕體較不易塌陷。

每份	淨碳水化合物	脂肪	蛋白質	膳食纖維	熱量	冷藏保存
	5.7 g	30.4 g	7.2 g	0 g	308.6 kcal	3 天

口感綿密細緻，吃得到微甜焦糖香

低糖電鍋布丁

材料（2人份）

布丁液
　雞蛋（全蛋）… 2 顆
　牛奶 … 250ml
　赤藻糖醇 … 25g

焦糖液
　赤藻糖醇 … 25g
　熱水 … 2 大匙

工具

量杯
電子秤
打蛋器
攪拌盆
湯勺
湯匙
篩網
模型
錫箔紙
小鍋（牛奶鍋、醬汁鍋）
平底鍋
電鍋

作法

1　將全部材料計量完成。

2　將雞蛋攪打均勻備用。

3　先製作布丁液。在小鍋內以小火加熱牛奶、赤藻糖醇，一邊攪拌至大約微微起泡前就要關火。

4　慢慢地將牛奶舀入步驟 2 的蛋液中攪拌混合後，將此奶蛋液過篩 2 ～ 3 次。

　　Tips 過篩的次數愈多，布丁的口感就越滑順。

5　製作焦糖液。在平底鍋內倒入赤藻糖醇，開小火煮至焦糖化，不要攪拌，出現淡淡的淺咖啡色就熄火，再倒入 2 大匙熱水攪拌均勻。

6　先用湯匙將焦糖液舀入模型內，再緩緩將步驟 4 的奶蛋液倒入。

　　Tips 奶蛋液如果出現泡泡，可用小湯匙撈除，做出來的布丁表面會更為平滑美觀。

7　用錫箔紙覆蓋住模型，再放入電鍋中，可避免鍋蓋的水滴掉入。

8　在電鍋外鍋加入約 2 杯的水，待開關跳起即可。稍微放涼後放入冰箱冷藏 6 小時即可食用。

　　Tips 用刀子沿著模型邊緣劃一圈，可以讓布丁更易從模型中倒扣取出。

| 每份 | 淨碳水化合物 15.8 g | 脂肪 17 g | 蛋白質 18 g | 膳食纖維 0 g | 熱量 290 kcal | 冷藏保存 3 天 |

充滿奶香與蛋香的純樸風味

馬克杯酸奶蛋糕

材料（1 人份）

杏仁粉 … 10g

椰子粉 … 10g

甜菊糖 … 5g

雞蛋（全蛋）… 1 顆

牛奶 … 10g

酸奶 … 10g

無鋁泡打粉 … 1g

工具

電子秤

攪拌盆

篩網

刮刀

馬克杯

電鍋

作法

1　將全部材料計量完成。

2　將粉類材料（杏仁粉、椰子粉）以篩網過篩。

3　取一攪拌盆將所有材料放入並攪拌均勻。

4　將麵糊倒入馬克杯中，需注意麵糊不要超過 8 分滿。

5　放入電鍋中，外鍋加入約 1 杯水的水量（材料分量外），
　蒸至膨起來即可食用。

Tips 可用筷子插入蛋糕內測試熟度，如果筷子取出無沾黏，
即代表熟了。

每份	淨碳水化合物 **8** g	脂肪 **17** g	蛋白質 **9** g	膳食纖維 **0** g	熱量 **211** kcal	冷藏保存 **3** 天

簡單快速的下午茶小點

馬克杯咖啡可可蛋糕

材料（1 人份）

- 杏仁粉 … 10g
- 椰子粉 … 10g
- 甜菊糖 … 5g
- 雞蛋（全蛋）… 1 顆
- 牛奶 … 10g
- 咖啡豆磨粉 … 3g
- 無糖可可粉 … 3g
- 無鋁泡打粉 … 1g

工具

- 電子秤
- 量匙
- 篩網
- 攪拌盆
- 刮刀
- 馬克杯
- 電鍋

作法

1. 將全部材料計量完成。
2. 將粉類材料（杏仁粉、椰子粉、咖啡豆磨粉、可可粉）以篩網過篩。
3. 取一攪拌盆將所有材料放入並攪拌均勻。
4. 將麵糊倒入馬克杯中，需注意麵糊不要超過 8 分滿。
5. 放入電鍋中，外鍋加約 1 杯水的水量（材料分量外），蒸至膨起來即可食用。

Tips 可用筷子插入蛋糕內測試熟度，如果筷子取出無沾黏，即代表熟了。

❸

每份	淨碳水化合物	脂肪	蛋白質	膳食纖維	熱量	冷藏保存
	10 g	16 g	10 g	1 g	209 kcal	3 天

近似麵包的滋味與口感

電鍋雞蛋糕

材料（5 人份）

- 杏仁粉 … 75g
- 甜菊糖 … 25g
- 無鹽奶油 … 10g
- 雞蛋（全蛋）… 2 顆
- 牛奶 … 150g
- 無鋁泡打粉 … 1g

工具

- 電子秤
- 量匙
- 量杯
- 篩網
- 攪拌盆
- 打蛋器
- 刮刀
- 造型模具
- 電鍋

作法

1　將全部材料計量完成。

2　將杏仁粉以篩網過篩。

3　取一攪拌盆將所有材料放入並攪拌均勻。

4　將麵糊倒入造型模具中，需注意麵糊不要超過一半的高度。

5　放入電鍋中，外鍋加入約 1 杯水的水量（材料分量外），蒸至膨起來即可食用。

| 每份 | 淨碳水化合物 10 g | 脂肪 12.1 g | 蛋白質 6.9 g | 膳食纖維 0.7 g | 熱量 178 kcal | 冷藏保存 3 天 |

口感與外型都經典的法式點心

法式薄餅

材料（約 2 片）

雞蛋（全蛋）… 2 顆

牛奶 … 100g

馬斯卡朋起司 … 25g

無鹽奶油 … 5g

赤藻糖醇 … 10g

鹽 … 少許

工具

量杯

電子秤

攪拌盆

打蛋器

湯勺

篩網

平底鍋

盛裝器皿

作法

1　將全部材料計量完成。

2　將全部材料倒入攪拌盆中，用打蛋器混和均勻。

3　利用篩網將步驟 2 的混合物過篩，可以讓薄餅的口感更為細緻。

4　開中小火，在平底鍋內加入少許奶油 (材料分量外)，再倒入一大匙的混和物，稍微轉動鍋子使其攤平成圓形狀。

Tips　成型時間會較久，需要耐心等候喔。

5　當表面逐漸緊縮成型並出現一些氣泡時即可翻面，翻面後再煎約 2 分鐘即可起鍋。

6　可以視個人喜好搭配一些鮮奶油或莓果一起享用。

每份	淨碳水化合物	脂肪	蛋白質	膳食纖維	熱量	冷藏保存	冷凍保存
	7 g	17.5 g	12 g	0 g	235 kcal	3 天	10 天

法式薄餅的延伸經典款

乳酪卡士達千層派

材料（8 人份）

法式薄餅 … 10 片
（請參閱 p.76）

乳酪卡士達醬
乳酪起司 … 60g
赤藻糖醇 … 30g
杏仁粉 … 30g
蛋黃 … 2 顆
牛奶 … 200g

工具

量杯
電子秤
打蛋器
湯勺
篩網
抹刀
平底鍋
小鍋（牛奶鍋、醬汁鍋）
盛裝器皿

作法

1 將全部材料計量完成。

2 製作法式薄餅（作法請參閱 p.76）。

   Tips 盡可能讓每一片法式薄餅的厚度一致，吃起來的口感
   會更為細緻。

3 將杏仁粉以篩網過篩備用。

4 製作卡士達醬。乳酪起司用打蛋器打成乳霜狀，再將
   赤藻糖醇、蛋黃及過篩杏仁粉加入攪拌均勻。

5 將牛奶加熱，用小火煮到旁邊冒起小泡泡後就離火，
   再將牛奶倒入步驟 4 的乳酪糊中，用打蛋器拌勻後再
   過篩一次，倒入小鍋中用小火煮成濃稠狀。

   Tips 煮的過程中需要不斷的輕輕攪拌，做出來的醬才會滑
   順好吃。

6 將乳酪卡士達醬抹平在每一片法式薄餅上，層層堆疊
   即完成。

   Tips 要做出美味的千層派需要花費較多的時間與工夫，建
   議新手先嘗試製作法式薄餅，等上手後再挑戰千層派。

   Tips 因為餅皮是手工製作，大小與厚度很難控制到完全一
   模一樣，越疊越高時就會看得出落差，建議新手不要
   一口氣堆疊到太多層。

卡士達醬

　　卡士達醬很常應用在各式甜點中，像是泡芙、千層派、水果派塔餡料，可以帶來香濃滑
順的口感。製作時需注意溫度的控制，因為含有蛋黃，如果溫度太高不小心就會變成蛋花湯，
需一邊輕輕攪拌使其濃稠，但又不能煮到沸騰的狀態。

每份	淨碳水化合物 **3.3** g	脂肪 **10** g	蛋白質 **4.6** g	膳食纖維 **0.5** g	熱量 **203** kcal	冷藏保存 **3** 天

口感不輸市售甜甜圈的健康好滋味

鍋炸甜甜圈

材料（3 人份）

杏仁粉 … 100g

雞蛋（全蛋）… 1 顆

赤藻糖醇 … 30g

無糖豆漿 … 50g

亞麻仁油或豬油 … 10g（油炸用油）

工具

量杯

電子秤

刮刀

攪拌盆

平底鍋

盛裝器皿

作法

1　將全部材料計量完成。杏仁粉過篩備用。

2　將全蛋、赤藻糖醇、無糖豆漿放入攪拌盆中，充分混合均勻。

3　加入杏仁粉，用刮刀攪拌均勻，形成麵糰。

4　將麵糰均勻分切成 3 等份，將小麵糰一一稱重，並讓每個小麵糰的重量一致，食用時營養成分更能精準得到控制。

5　將小麵糰塑成圓球型再輕輕壓扁成甜甜圈狀，再用手指將中間開一個洞口。

6　將小麵糰放入熱油鍋中，以約 160℃ 的油溫油炸，將雙面炸至呈金黃色即完成。

　　Tips 盛盤後，可視個人喜好在表面撒上一點點赤藻糖醇以增加風味，但請酌量。

　　Tips 將小麵糰塑形成細長條狀，再互捲成辮子狀，就變成麻花造型的點心捲，圖片可參考 p.62。

每份	淨碳水化合物 2 g	脂肪 17 g	蛋白質 6 g	膳食纖維 2 g	熱量 235 kcal	冷藏保存 5 天

輕盈無負擔的好菌甜點

草莓酸奶鬆餅

材料（5 人份）

麵糊

杏仁粉 … 250g

天然酵母粉 … 80g
（或是泡打粉 1 大匙）

雞蛋（全蛋）… 1 顆

牛奶 … 50g

赤藻糖醇 … 30g

鹽 … 少許

融化奶油 … 15g

配料

酸奶 … 100g

草莓 … 10g

工具

電子秤

攪拌盆

刮刀

湯勺

篩網

抹刀

盛裝器皿

平底鍋

作法

1　將全部材料計量完成。

2　將「麵糊」的材料全部混合，放在室內溫暖處，先發酵約 2 小時至表面出現泡泡後即可。

　　Tips　也可以將麵糊冰在冰箱一晚，隔天再進行煎煮。

3　用平底鍋煎以中小火加熱，加入適量奶油（材料分量外）融化後，再加入一勺麵糊，待兩面煎成金黃色即可盛盤。

4　在鬆餅表面抹上酸奶，並加上切片的草莓即完成。

酸奶和牛奶有何不同？

　　酸奶是以牛奶為主要原料，加入乳酸菌菌種保溫發酵製成的產品。不僅具有牛奶的營養價值，其中的微生物還會抑制人體腸道中的腐敗菌，幫助營養物質的消化吸收，可促進腸道蠕動、預防便秘。酸奶的維生素 D 含量很高，能將鈣元素和維生素 D 結合在一起，有助於骨骼強健。

　　好的酸奶具有純乳酸發酵劑製成的特有氣味，無酒精發酵味或其他外來的異常氣味，選購時可多加留意。酸奶保質期限較短，需冷藏在 2～6℃下並盡速食用完畢，因此選購酸奶時應以少量多次的方式為佳。

每份	淨碳水化合物	脂肪	蛋白質	膳食纖維	熱量	冷藏保存
	1.6 g	**25.2** g	**7** g	**2.6** g	**349** kcal	**3** 天

「最好吃的總是最不起眼」的樸實風味

英國威爾斯煎餅

材料（6 人份）

- 杏仁粉 … 200g
- 發酵粉（泡打粉）… 5g
- 無鹽奶油 … 50g
- 赤藻糖醇 … 30g
- 雞蛋（全蛋）… 1 顆
- 鹽 … 1 小撮
- 牛奶 … 20g

工具

電子秤	抹刀
攪拌盆	盛裝器皿
刮刀	餅乾模型
篩網	平底鍋

作法

1. 將全部材料計量完成。
2. 把粉類材料（杏仁粉、泡打粉）以篩網過篩進大碗中。
3. 將無鹽奶油切成細粒，加入步驟 2 的粉類材料中，用指尖搓成小粒狀，呈現像奶酥的質地。
4. 加入赤藻糖醇、蛋液、鹽，用刮刀將全部材料攪拌均勻，再加入牛奶繼續攪拌成光滑的麵糰。

   Tips 如果麵糰太稠可適度再多點牛奶；太黏可加點杏仁粉，直至呈現柔軟光滑。

5. 把麵糰輕搓但不要搓按過度，用手輕壓至約 1cm 左右厚度，再用餅乾模型印出形狀。

   Tips 把四周剩餘的麵糰碎塊集中搓圓再按扁，反覆此動作直到將所有麵糰塑形完成。

6. 在平底鍋上塗上薄薄的一層無鹽奶油（材料分量外），把餅乾麵糰以中小火每面煎 3 分鐘或呈現均勻的金黃色即可。

英式威爾斯餅

　　威爾斯餅（elsh cake）是與布朗尼蛋糕、司康等英式西點齊名的英倫點心。利用簡單的麵粉、糖、牛奶、奶油製作的傳統小餅，有點類似烤餅的風味，但不同於烤餅以烤箱製作，威爾斯餅是利用平底鍋煎，對於一般家中沒有烤箱的人，更為方便。

| 每份 | 淨碳水化合物 0 g | 脂肪 20 g | 蛋白質 4.5 g | 膳食纖維 1.6 g | 熱量 252 kcal | 冷藏保存 3 天 |

餅乾 & 小點

有如陳列在麵包店裡的
暖心甜點

以杏仁粉、椰子粉取代麵粉，赤藻糖醇代替精緻砂糖，
做出口感風味極佳、並能減少醣質攝取的甜點。

像芝麻般的香酥顆粒口感

奇亞籽椰奶餅乾

材料（6 人份）

無鹽奶油 … 60g

赤藻糖醇 … 5g

雞蛋（全蛋）… 1 顆

杏仁粉 … 60g

奇亞籽 … 10g

椰奶 … 40g

工具

電子秤

電動攪拌器

篩網

攪拌盆

刮刀

保鮮膜

擀麵棍

餅乾模型

烤箱

作法

1　烤箱先以 180℃進行預熱。

2　將全部材料計量完成。

3　將無鹽奶油放入攪拌盆中，用電動攪拌器打至軟化並稍微呈現泛白後，加入赤藻糖醇攪拌均勻。

4　再加入雞蛋打散，並攪拌均勻。

5　放入椰奶、過篩的杏仁粉，稍微攪拌成團。

6　放入奇亞籽，攪拌均勻後，稍微整成團狀。

7　用保鮮膜將餅乾麵糰包覆起來，放入冰箱冷藏 20 分鐘以上。

8　取出麵糰，用擀麵棍或直接以手掌將麵糰壓平。

9　以餅乾模型或是利用小杯子的瓶口壓出形狀。

10　放入預熱至 180℃的烤箱，烘烤 20 分鐘即完成。

每份	淨碳水化合物 **5.3** g	脂肪 **15** g	蛋白質 **2.5** g	膳食纖維 **0.5** g	熱量 **155** kcal	冷藏保存 **5** 天

無澱粉手作常備零食

動物造型杏仁餅乾

材料（10 人份）

無鹽奶油 … 220g

甜菊糖粉 … 50g

牛奶 … 80g

杏仁粉 … 300g

工具

電子秤

打蛋器

篩網

攪拌盆

刮刀

保鮮膜

擀麵棍

餅乾模型

烤箱

作法

1　烤箱先以 200℃進行預熱。

2　將全部材料計量完成。

3　用打蛋器將奶油和甜菊糖粉打至顏色略白後，倒入牛奶攪拌成糊狀，再加入過篩的杏仁粉拌勻成麵糰。

4　將麵糰擀平，用保鮮膜包覆後放入冰箱冷凍約 20 分鐘，使麵糰定型。

5　將麵糰取出，用餅乾壓模壓出形狀。

　　Tips 此款麵糰較為鬆軟，放於室溫過久會逐漸軟化，取出後需盡快壓模。

6　放入預熱至 200℃的烤箱，烘烤 15 分鐘即完成。

每份	淨碳水化合物	脂肪	蛋白質	膳食纖維	熱量	冷藏保存
	13g	11g	3.2g	1.4g	164kcal	5天

快速易做的傳統法式甜點

黑櫻桃克拉芙緹

材料（6 人份）

杏仁粉 … 100g

鮮奶 … 200g

無鋁泡打粉 … 5g

雞蛋（全蛋）… 2 顆

黑櫻桃罐頭 … 50g

工具

電子秤

攪拌盆

篩網

攪拌刮勺

盛裝容器

烤箱

作法

1 烤箱先以 180℃進行預熱。

2 將全部材料計量完成。

3 將杏仁粉、鮮奶、雞蛋、無鋁泡打粉放入攪拌盆中，將全部材料一起拌勻，形成麵糊。

4 用篩網將麵糊過篩一次，將一半麵糊倒入容器中，將櫻桃放上，再將剩下的一半麵糊也倒入。

5 放入烤箱，烘烤 30 分鐘即完成。

6 可視個人口味，撒上起司粉（材料分量外）增添風味。

每份	淨碳水化合物 10g	脂肪 9.2g	蛋白質 5g	膳食纖維 0.9g	熱量 141.5kcal	冷藏保存 2天

香濃軟綿的滿足感

迷你甜甜圈

材料（6 人份）

無鹽奶油 … 50g

甜菊糖 … 50g

雞蛋（全蛋）… 1 顆

杏仁粉 … 100g

無鋁泡打粉 … 1.5g

牛奶 … 80ml

調色色粉

咖啡粉、抹茶粉、薑黃粉、
竹炭粉等各一小匙

工具

電子秤

攪拌盆

打蛋器

刮刀

篩網

烤模

烤箱

作法

1　烤箱先以 180℃進行預熱。

2　將全部材料計量完成，將無鹽奶油置於室溫軟化。

3　將軟化的奶油、甜菊糖，以打蛋器攪打至呈現泛白的乳霜狀。

4　將全蛋蛋液分次慢慢加入並攪拌均勻。

5　將杏仁粉與無鋁泡打粉以篩網過篩後，分次加入攪拌均勻。

6　倒入牛奶混合攪拌均勻，麵糊即完成。

7　視個人喜好，將麵糊分成六等份，再加入粉類材料調色，稍微攪拌一下即可，讓麵糊有不規則的色澤層次。

8　將麵糊倒入烤模中，抹平修飾表面再輕敲一下桌面，將多餘空氣排出。

9　放入烤箱，以 180℃烘烤約 15 分鐘即完成。

10　烘烤出爐後，可視個人喜好撒上少許赤藻糖醇或是椰子粉，增添口感。

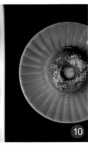

| 每份 | 淨碳水化合物 7.7 g | 脂肪 14.3 g | 蛋白質 3.2 g | 膳食纖維 0.9 g | 熱量 171 kcal | 冷藏保存 3 天 |

加入富含植化素、多種維生素的蔓越莓

蔓越莓瑪芬

材料（6 人份）

- 杏仁粉 … 100g
- 無鋁泡打粉 … 1.5g
- 赤藻糖醇 … 5g
- 雞蛋（全蛋）… 2 顆
- 鮮奶 … 1 大匙
- 橄欖油 … 50g
- 蔓越莓 … 適量

工具

- 電子秤
- 攪拌盆
- 刮刀
- 篩網
- 烤模
- 烤箱

作法

1 烤箱先以 180℃進行預熱。

2 將全部材料計量完成。

3 將杏仁粉、泡打粉以篩網過篩後，再加入赤藻糖醇。

4 加入蛋液、牛奶攪拌均勻後，再加入橄欖油混合，形成麵糊。

5 以篩網將麵糊過篩後，倒入模型中，再放入蔓越莓。

6 放入預熱至 180℃的烤箱，烘烤約 20 分鐘即完成。

每份	淨碳水化合物	脂肪	蛋白質	膳食纖維	熱量	冷藏保存
	8.4 g	**16.8** g	**28.9** g	**0.8** g	**181** kcal	**3** 天

加入堅果增添口感並補充油脂

松子南瓜子一口鬆糕

材料（5 人份）

- 奶油 … 30g
- 椰子油 … 30g
- 赤藻糖醇 … 10g
- 雞蛋（全蛋）… 1 顆
- 杏仁粉 … 50g
- 無鋁泡打粉 … 5g
- 鹽 … 1/4 匙
- 竹碳粉 … 1/2 匙（調色用）
- 水 … 適量（調色用）
- 松子、南瓜子 … 適量

工具

電子秤	篩網
攪拌盆	烤盤
刮刀	烤箱
量匙	

作法

1. 烤箱先以 180℃進行預熱。
2. 將全部材料計量完成。
3. 將奶油、椰子油、赤藻糖醇放入攪拌盆中，混和攪拌均勻。
4. 再加入打散的蛋液，繼續攪拌。
5. 加入過篩後的杏仁粉、無鋁泡打粉、鹽攪拌均勻，形成麵糊。
6. 將適量的竹碳粉加入少許的水，調出顏色。
7. 取出部分麵糊，加入步驟 5 調和好的竹碳粉水，進行調色。
8. 將麵糊填裝進烤盤中，再放上松子、南瓜子裝飾。
9. 放入預熱 180℃的烤箱，烘烤約 20 分鐘即完成。

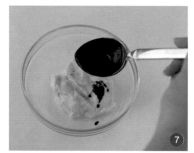

每份	淨碳水化合物 4.4g	脂肪 16g	蛋白質 17.2g	膳食纖維 0.4g	熱量 165kcal	冷藏保存 3天

有如奶酥般的口感

西洋梨杏仁酥鬆粒

材料（5 人份）

內餡

熟的西洋梨 … 1 顆

奶酥

杏仁粉 … 40g

甜菊糖 … 20g

無鹽奶油 … 20g

工具

電子秤

平底鍋

攪拌盆

刮刀

烤盤

烤箱

作法

1 烤箱先以 180℃進行預熱。

2 將全部材料計量完成。

3 製作西洋梨餡。將西洋梨削皮切片，放入鍋內，乾煎至焦糖化並縮乾水分。

4 製作奶酥。將過篩後的杏仁粉與甜菊糖攪拌拌勻，再將冰的無鹽奶油切成小丁拌入，以手抓的方式捏成粗粒狀。

   Tips 奶油要趁冰冰的時候放入，且手捏要快，不然會融化，就做不出酥鬆粒的感覺了。

5 取烤盤或烤盅平均擺上西洋梨餡，並撒上奶酥粒。

6 放入預熱 180℃的烤箱，烘烤約 20 分鐘即完成。

| 每份 | 淨碳水化合物 **8.3**g | 脂肪 **6.2**g | 蛋白質 **1**g | 膳食纖維 **1**g | 熱量 **84**kcal | 冷藏保存 **2**天 |

微酸的清爽好滋味

檸檬塔

材料（4 人份）

塔皮

無鹽奶油 … 70g

赤藻糖醇 … 40g

蛋黃 … 1 顆

牛奶 … 10g

杏仁粉 … 150g

檸檬皮絨 … 1 顆

鹽 … 1/4 小匙

檸檬內餡

甜菊糖 … 50g

檸檬皮絨 … 1 顆

檸檬汁 … 60ml（約兩顆）

雞蛋（全蛋）… 1 顆

無鹽奶油 … 50g

工具

電子秤	刮刀
打蛋器	刨皮絨刀
攪拌盆	烘焙紙
篩網	叉子
電動攪拌機	紅豆
保鮮膜	派塔模
擀麵棍	烤箱

作法

1　烤箱先以 180℃進行預熱。

2　將全部材料計量完成。

3　製作塔皮。將杏仁粉過篩，加入無鹽奶油、赤藻糖醇、蛋黃、牛奶、鹽，用打蛋器攪拌均勻。

　　Tips 如有電動攪拌器會更為省事。

4　加入檸檬皮屑，以刮刀按壓成團。

　　Tips 勿過度攪拌，以免出筋。

5　完成的塔皮以保鮮膜包覆起來，放入冰箱冷藏約 30 分鐘以上使麵糰鬆弛備用。

6　30 分鐘後，取出塔皮，以擀麵棍擀成約 4mm 的厚度，鋪放在塔模中，稍微用手按壓，緊貼塔模。

7　用叉子在塔皮上戳一些洞，再覆蓋上烘焙紙，再放上一些紅豆或黃豆。

　　Tips 為了避免塔皮膨起，通常會放入專門的烘焙石，不過也可以利用紅豆、黃豆、米，或是乾淨的小石頭來壓覆。

8　放入預熱 180℃的烤箱，烘烤約 20 分鐘取出。將烘焙紙與紅豆取出，再放入烤箱烘烤 10 分鐘或至塔皮呈現金黃色即可取出放涼。

9　製作檸檬內餡。將蛋、糖、檸檬汁、奶油放入大碗中攪拌混合，並隔水加熱。將檸檬皮絨以手指邊搓揉邊加入，使內餡充滿檸檬香氣。加熱過程中不停地攪拌直到變成濃稠狀。

10　內餡完成後過篩，使質地變得更細緻。填入步驟 8 的塔皮中，放入冰箱冷藏即完成。

每份	淨碳水化合物 5.5 g	脂肪 40.8 g	蛋白質 6.5 g	膳食纖維 1.8 g	熱量 452 kcal	冷藏保存 3 天

結合藍莓、起司兩大生酮好食材

乳酪起司藍莓塔

材料（4 人份）

塔皮

無鹽奶油 … 70g

赤藻糖醇 … 40g

蛋黃 … 1 顆

牛奶 … 10ml

杏仁粉 … 150g

鹽 … 1/4 小匙

乳酪卡士達內餡

乳酪起司 … 50g

赤藻糖醇 … 15g

杏仁粉 … 15g

蛋黃 … 1 顆

牛奶 … 100ml

工具

電子秤

打蛋器

攪拌盆

篩網

電動攪拌機

保鮮膜

擀麵棍

刮刀

刨皮絨刀

烘焙紙

叉子

紅豆

派塔模

烤箱

作法

1 烤箱先以 180℃進行預熱。

2 將全部材料計量完成。

3 製作塔皮。將杏仁粉過篩，加入無鹽奶油、赤藻糖醇、蛋黃、牛奶、鹽，用打蛋器攪拌均勻。

   Tips 如有電動攪拌器會更為省事。

4 以刮刀按壓成團。

   Tips 勿過度攪拌，以免出筋。

5 完成的塔皮以保鮮膜包覆起來，放入冰箱冷藏約 30 分鐘以上使麵糰鬆弛備用。

6 30 分鐘後，取出塔皮，以擀麵棍擀成約 4mm 的厚度，鋪放在塔模中，稍微用手按壓，緊貼塔模。

7 用叉子在塔皮上戳一些洞，再覆蓋上烘焙紙，再放上一些紅豆或黃豆。

   Tips 為了避免塔皮膨起，通常會放入專門的烘焙石，不過也可以利用紅豆、黃豆、米，或是乾淨的小石頭來壓覆。

8 放入預熱 180℃的烤箱，烘烤約 20 分鐘取出。將烘焙紙與紅豆取出，再放入烤箱烘烤 10 分鐘或至塔皮呈現金黃色即可取出放涼。

9 製作卡士達內餡。乳酪起司用打蛋器打成乳霜狀，再將赤藻糖醇、蛋黃及過篩杏仁粉加入拌勻；另一邊加熱牛奶，用小火煮到周圍冒小泡泡後就離火，再將牛奶倒入乳酪糊中用打蛋器拌勻後再過篩一次，倒入小鍋中用小火煮成濃綢狀即完成。

10 將卡士達內餡填入步驟 8 的塔皮中，再放入冰箱冷藏即完成。食用前放上藍莓更加美味。

| 每份 | 淨碳水化合物
40g | 脂肪
39g | 蛋白質
9g | 膳食纖維
43g | 熱量
465kcal | 冷藏保存
3天 |

加入少許黃豆粉製成的法式甜點

牛奶蛋白塔

材料（2 人份）

塔皮

黃豆粉 … 50g

杏仁粉 … 100g

椰子細粉 … 30g

無鹽奶油 … 50g

雞蛋（全蛋）… 1 顆

蛋白 … 1 顆

冷開水 … 20g

鹽 … 1 小匙

內餡

牛奶 … 70g

雞蛋（全蛋）… 1 顆

赤藻糖醇 … 30g

工具

電子秤

攪拌盆

打蛋器

電動攪拌器

篩網

叉子

塔模

烤模

烤箱

作法

1　烤箱先以 180℃進行預熱。

2　將全部材料計量完成。

3　製作塔皮。奶油切成小丁後，放回冰箱冷藏；粉類材料加入鹽，過篩備用。

4　用電動攪拌器將步驟 3 的粉類材料與奶油攪打均勻。

5　加入全蛋一顆，捏塑成糰並注意不要過度混和，會降低酥脆感，如果太乾可加入一些冷開水調整。

6　將麵糰擀成約 0.3～0.5cm 左右的厚度，放到塔模中塑型，再用叉子在塔皮上戳洞。

7　放入烤箱先烤 10 分鐘，取出塗上蛋白液後再回烤 3 分鐘，取出放涼備用。

8　製作內餡。將牛奶、赤藻糖醇放入小鍋中加熱至糖融化，稍微放置一下降溫。

9　將全蛋打均勻，過篩加入微溫的牛奶液中，靜置一會兒讓大的泡泡消掉。

10　將蛋液倒入塔模中，放入預熱好的烤箱，以 180℃烤約 25～30 分鐘即完成。

Tips　小心不要過度上色，也可以在烤盤上加入一些水用隔水烘烤法。

每份	淨碳水化合物 29.9 g	脂肪 46.5 g	蛋白質 23.5 g	膳食纖維 5.5 g	熱量 626 kcal	冷藏保存 3 天

吃得到滿滿的椰子香氣

椰子小圓球

材料（6 人份）

牛奶 … 50g

赤藻糖醇 … 50g

椰子粉 … 100g

椰子絲 … 50g

蛋白 … 2 顆

工具

電子秤

打蛋器

攪拌盆

刮刀

烘焙紙

烤盤

烤箱

作法

1　烤箱先以 170℃進行預熱。

2　將全部材料計量完成。

3　把蛋白攪打均勻，加入赤藻糖醇以打蛋器繼續攪打，大概打至舉起打蛋器蛋液會緩緩滴落的程度。

4　加入椰子粉、牛奶拌勻後，常溫靜置讓椰子粉吸飽水分成糰。

5　取一攪拌盆先倒入椰子絲，用手將步驟 3 的椰子粉糰分搓成小圓球放入，用湯匙將小圓球沾滿椰子絲。

6　取一烤盤鋪上烘焙紙，用湯匙將沾滿椰子絲的小圓球放入。

7　放入預熱 170℃的烤箱，烘烤約 15 分鐘即完成，小心不要過度上色。

每份	淨碳水化合物	脂肪	蛋白質	膳食纖維	熱量	冷藏保存
	7.1 g	**15.8** g	**2.8** g	**7** g	**147.5** kcal	**3** 天

以杏仁粉、鮮奶油、奶油製成的香濃司康

低醣司康

材料（4人份）

杏仁粉 … 150g

鮮奶油 … 100g

無鹽奶油 … 50g

雞蛋（全蛋）… 1 顆

蛋黃 … 1 顆
（塗抹司康表皮用）

無鋁泡打粉 … 5g

甜菊糖 … 20g

鹽 … 2g

工具

電子秤

篩網

攪拌盆

打蛋器

刮刀

烘焙紙

保鮮膜

擀麵棍

油刷

烤箱

作法

1　烤箱先以 180℃進行預熱。

2　將全部材料計量完成。

3　將杏仁粉以篩網過篩；奶油置於室溫軟化。

4　將杏仁粉、奶油、鮮奶油放入攪拌盆中攪拌均勻。

5　加入打散的全蛋蛋液、泡打粉、甜菊糖、鹽攪拌均勻。

　　Tips 可加入適量葡萄乾、莓果類或奇亞籽等口味變化。

6　取出麵糰以保鮮膜包覆，再用擀麵棍擀平。

7　利用切模或是口徑較小的杯子將麵糰壓出形狀。

8　將麵糰放入墊好烘焙紙的烤盤中，刷上蛋黃液。

9　放入烤箱以 180℃烤 30 分鐘即可。

英式傳統下午茶

　　司康是傳統的英式下午茶小點心，外皮帶點酥脆，裡面鬆軟，咬下去有濃濃的奶油香氣。主要是加入泡打粉來幫助快速膨脹，因此有人稱它為「快速麵包」。這道「低醣司康」保留了奶油、雞蛋等主要材料，將麵粉改成杏仁粉，口感會略為不同，但可大大減少碳水化合物的攝取量。

每份	淨碳水化合物	脂肪	蛋白質	膳食纖維	熱量	冷藏保存
	17.8 g	**35.3** g	**6** g	**1.8** g	**396** kcal	**3** 天

無奶蛋、擁有滿滿堅果的超級點心

椰絲奇亞籽堅果餅乾

材料（10 人份）

奇亞籽 … 1 茶匙

燕麥片 … 100g

小麥粉 … 60g

杏仁粉 … 40g

無鋁泡打粉 … 1 小匙

初榨椰子油 … 1/4 杯

初榨橄欖油 … 1 杯

椰糖漿（楓糖漿）… 3 茶匙

鹽 … 少許

葡萄乾 … 20g

蔓越莓乾 … 20g

南瓜籽 … 30g

核桃切碎 … 30g

椰子絲 … 20g

工具

量杯	攪拌盆
電子秤	烘焙紙
刮刀	烤箱
小碗	

作法

1　烤箱先以 170℃ 進行預熱。

2　取一攪拌盆將奇亞籽、燕麥片、小麥粉、杏仁粉、泡打粉等材料放入，混合成乾料。

3　取另一攪拌盆，將椰子油、橄欖油、椰糖漿、鹽混合均勻成濕料。

4　將步驟 3 的濕料加入步驟 2 的乾粉盆中攪拌均勻，靜置 15 分鐘，使其變稠一些。

5　將喜歡的果乾或堅果拌入麵糊中，混合均勻並塑型。

　　Tips 可依個人喜好用手掌捏成圓形狀，或是壓入模型中，但要記得需壓緊，才不會散開來。

6　在烤盤上放上烘焙紙，放入烤箱，烘烤約 25 分鐘，烤至餅乾表面呈金黃色，取出後撒上椰子絲即完成。

更為健康的低醣生酮甜點

　　許多執行生酮飲食者不大會有想吃甜點的欲望，或是本身就不是甜點愛好者，不論是一般甜點或是低醣甜點對他們來説都毫無吸引力，不過即使如此，如果對於一般嗜吃零食的成年人或小朋友，不妨試著以低醣甜點取代，會更為健康。

| 每份 | 淨碳水化合物 10.2 g | 脂肪 13 g | 蛋白質 3.1 g | 膳食纖維 2.3 g | 熱量 172 kcal | 冷藏保存 5 天 |

口感軟嫩、越嚼越香

奇亞籽一口酥

材料（10 人份）

杏仁粉 … 200g

奇亞籽 … 1 茶匙

無鋁泡打粉 … 1 小匙

甜菊糖 … 1 茶匙

無鹽奶油 … 50g

牛奶 … 90ml

工具

電子秤

量匙

篩網

攪拌盆

刮刀

烘焙紙

烤箱

作法

1 烤箱先以 180℃進行預熱。

2 將全部材料計量完成。

3 將杏仁粉、泡打粉以篩網過篩備用。

4 將奶油切成小塊加入步驟 3 的麵粉盆中，用手指揉捏混合均勻。

5 再加入甜菊糖、奇亞籽、牛奶攪拌成麵糰。

6 將麵糰分割成小塊狀，再整型成圓球狀。

7 最後放上鋪了烘焙紙的烤盤上，以預熱 180℃的烤箱，烘烤約 15 分鐘呈金黃色即完成。

超級穀物 —— 奇亞籽

奇亞籽含有豐富的蛋白質、纖維質、Omega-3 等營養成分，而且一匙奇亞籽比一匙牛奶的鈣質含量更高，被喻為「南美黃金」。無麩質的特性讓身體易吸收、無負擔。

奇亞籽吸收水分後會膨脹，帶來類似粉圓般的滑溜口感。沒有特別的氣味與味道，很適合加入在各種飲品和點心。

| 每份 | 淨碳水化合物 **9.6** g | 脂肪 **12.4** g | 蛋白質 **2.9** g | 膳食纖維 **1.2** g | 熱量 **158** kcal | 冷藏保存 **3** 天 |

小巧可口的香脆小點

風車餅乾

材料（10 人份）

- 杏仁粉 … 100g
- 甜菊糖 … 20g
- 蛋白 … 3 顆
- 檸檬汁 … 1/2 茶匙

工具

- 電子秤
- 量杯
- 攪拌盆
- 電動攪拌器
- 擠花袋
- 烘焙紙
- 烤箱

作法

1 烤箱先以 180℃進行預熱。

2 將全部材料計量完成。

3 在蛋白中加入甜菊糖、檸檬汁以電動攪拌器打發成蛋白霜。

4 加入過篩的杏仁粉攪拌均勻。

5 裝入擠花袋，擠在烘焙紙上，再送入烤箱烘烤約 30 分鐘即完成。

Tips 烤色可以依個人喜好選擇烤白一點或深一點。

6 可加上自製新鮮莓果醬或巧克力醬裝飾。

適度補充飲品與水分

　　生酮過程中，體內會產生大量的酸性代謝產物，需要透過水分移除，因此建議每天需要喝大量的水分（最好超過 1500ml），除了可以參考前面介紹的飲品搭配飲用，也可以嘗試製作下面三套補充飲品，搭配點心。

1. 奇亞籽檸檬水：檸檬 1/2 個＋礦鹽 1 茶匙＋奇亞子 10g ＋水 1500ml
2. 山粉圓葡萄柚能量水：葡萄柚 1/4 個＋礦鹽 1 茶匙＋山粉圓 10g ＋水 1500ml
3. 薄荷綠茶水：薄荷葉數片＋礦鹽 1 茶匙＋奇亞籽 10g ＋水 1500ml

| 每份 | 淨碳水化合物 2.9g | 脂肪 3.7g | 蛋白質 1.8g | 膳食纖維 0.5g | 熱量 57kcal | 冷藏保存 3天 |

加入黑芝麻大大提升好滋味

黑芝麻杏仁蛋糕

材料（4 人份）

- 杏仁粉 … 150g
- 牛奶 … 50g
- 無鹽奶油 … 50g
- 雞蛋（全蛋）… 1 顆
- 無鋁泡打粉 … 3g
- 甜菊糖 … 30g
- 黑芝麻 … 1 茶匙

工具

- 電子秤
- 量匙
- 攪拌盆
- 刮刀
- 油刷
- 烤盤
- 烤箱

作法

1　烤箱先以 200℃進行預熱。

2　將全部材料計量完成。

3　取一攪拌盆將所有材料放入，用刮刀攪拌成麵糊靜置 10 分鐘。

4　將烤盤以油刷塗上薄薄奶油（材料分量外），再倒入麵糊至一半的高度。

5　以 200℃烘烤 30 分鐘即完成。

每份	淨碳水化合物	脂肪	蛋白質	膳食纖維	熱量	冷藏保存
	17.5 g	**27** g	**6.8** g	**2** g	**335.8** kcal	**3** 天

享用熟水果的自然甜味

秋季西洋梨烤派

材料（5 人份）

- 杏仁粉 … 200g
- 無鹽奶油 … 50g
- 牛奶 … 50g
- 雞蛋（全蛋）… 1 顆
- 無鋁泡打粉 … 3g
- 較熟的西洋梨 … 1 顆

工具

- 量匙
- 電子秤
- 攪拌盆
- 刮刀
- 油刷
- 烤盤
- 烤箱

作法

1 烤箱先以 200℃進行預熱。

2 將全部材料計量完成。

3 取一攪拌盆將所有材料放入，用刮刀攪拌成麵糊，靜置 10 分鐘。

4 將烤盤以油刷塗上薄薄奶油（材料分量外），再將麵糊倒入至一半的高度。

5 鋪上切片的西洋梨後送入烤箱。

6 以 200℃烘烤 30 分鐘至西洋梨焦化成金黃色即完成。

Tips 選擇較熟的水果，烤焙出天然的水果焦糖取代糖類。

每份	淨碳水化合物 19.2 g	脂肪 25.2 g	蛋白質 6.4 g	膳食纖維 2.6 g	熱量 334 kcal	冷藏保存 2 天

Part

6

低醣麵包&蛋糕

有如五星級下午茶的
豐盛點心盤

加入少許麵粉製成的低醣版免揉麵包；

端上桌就令人驚喜的「藍莓天使蛋糕」、「巧克力戚風蛋糕」，

看起來、吃起來都像極了五星級下午茶，

和三五好友來一場專屬低醣生酮的派對吧！

用鑄鐵鍋做麵包的經典傳奇

免揉麵包

材料（8 人份）

杏仁粉 … 300g

椰子細粉 … 20g

亞麻籽粉 … 20g

洋車前子殼粉 30g

無鋁泡打粉 … 1 大匙

鹽 … 1/4 匙

雞蛋（全蛋）… 1 顆

溫水 … 120 ml

工具

量杯

電子秤

打蛋器

攪拌盆

篩網

刮刀

小碗

保鮮膜

烤箱

鑄鐵鍋

網架

作法

1 烤箱先以 175℃進行預熱。

2 將全部材料計量完成。

3 將粉類材料（杏仁粉、椰子細粉、亞麻籽粉、洋車前子殼粉、無鋁泡打粉）全部以篩網過篩進一大盆中，混合備用。

4 取另一小碗將雞蛋攪拌打勻後，將蛋液加入步驟 3 的乾粉盆中攪拌混合。

5 分數次加入溫水，先用打蛋器大略攪拌混合，再改用刮刀混合拌勻成團狀。

6 將混合好的麵糰放入大鋼盆中並蓋上保鮮膜靜置半小時。

7 將麵糰放入鑄鐵鍋，送進烤箱以 175℃先烤約 40 分鐘至膨起。

8 打開鑄鐵鍋鍋蓋，再以上火烤 10 分鐘，使麵包表皮酥脆。

9 取出後置於網架上放涼後再切片即完成。

| 每份 | 淨碳水化合物 **15.8** g | 脂肪 **16.6** g | 蛋白質 **5.3** g | 膳食纖維 **6** g | 熱量 **242** kcal | 冷藏保存 **3** 天 |

季節甜橙的原汁原味

鮮橙磅蛋糕

材料（5 人份）

雞蛋（全蛋）… 2 顆
甜菊糖 … 100g
無鹽奶油 … 100g
杏仁粉 … 100g
無鋁泡打粉 … 1.5g
牛奶 … 70g
新鮮柳橙 … 1 顆
（刨皮絨及鮮榨汁備用）

工具

電子秤
打蛋器
攪拌盆
刮刀
保鮮膜
長形烤模
烤箱

作法

1 烤箱先以 180℃進行預熱。

2 將全部材料計量完成。

3 在烤模內部抹上一層薄薄的無鹽奶油（材料分量外）。

4 將軟化的無鹽奶油與甜菊糖用打蛋器攪打至泛白的乳霜狀。

5 將雞蛋攪打成蛋液，分次慢慢加入並攪拌均勻。

6 分次將過篩的杏仁粉、無鋁泡打粉加入，攪拌均勻後再加入牛奶、1/2 顆新鮮柳橙汁攪拌均勻。

7 將麵糊倒入烤模，抹平表面後將模型輕敲桌面，以震出多餘空氣。

8 放入烤箱烤約 30 分鐘即可出爐。

9 出爐後將蛋糕脫模並放涼，再撒上刨好的橙皮絨裝飾即完成。

3

6

7

每份	淨碳水化合物 11.7g	脂肪 26.6g	蛋白質 5.2g	膳食纖維 1.4g	熱量 3.6kcal	冷藏保存 3天

以杏仁粉製作的蛋糕基底,加上滿滿的核果香氣

核桃蛋糕

材料(4 人份)

核桃 … 10g

雞蛋(全蛋)… 1 顆

無鹽奶油 … 50g

無鋁泡打粉 … 5g

杏仁粉 … 100g

赤藻糖醇 … 10g

工具

電子秤

電動攪拌器

攪拌盆

刮刀

保鮮膜

作法

1 烤箱先以 180℃進行預熱。

2 將全部材料計量完成;奶油置於室溫軟化。

3 將粉類材料(杏仁粉、泡打粉)攪拌均勻,再用篩網過篩。

4 另取一個攪拌盆,放入赤藻糖醇和全蛋,再用電動攪拌器攪打均勻。

5 加入奶油、步驟 3 的粉類材料,攪拌成麵糊後放入烤模,並在表面排上核桃。

6 放入烤箱烘烤 25 分鐘即完成。

| 每份 | 淨碳水化合物
10.9g | 脂肪
22.5g | 蛋白質
4.5g | 膳食纖維
1.3g | 熱量
261kcal | 冷藏保存
3天 |

享受蘋果帶來的自然甜味

蘋果戚風蛋糕

材料（4 人份）

蛋黃麵糊

蛋黃 … 5 個

赤藻糖醇 … 30g

鹽 … 0.5g

橄欖油 … 50g

牛奶 … 180g

杏仁粉 … 100g

無鋁泡打粉 … 1 小匙

蛋白霜

蛋白 … 5 個

赤藻糖醇 … 120g

檸檬汁 … 10g

焦糖蘋果

較熟蘋果 … 1 顆（約 180g）

工具

電子秤

打蛋器

電動攪拌器

篩網

攪拌盆

刮刀

蛋糕烤模

烤箱

作法

1　烤箱先以 160℃進行預熱。

2　將全部材料計量完成。

3　取出 5 顆蛋黃的量，將蛋黃用打蛋器打散，再加入糖、鹽、橄欖油攪拌均勻，再混合過篩的粉類（杏仁粉、無鋁泡打粉）及牛奶，再輕輕拌勻成蛋黃麵糊。

4　製作蛋白霜。將蛋白加入糖、檸檬汁用電動攪拌器打到呈現硬挺狀，可看出波浪紋。

　　Tips 攪拌盆必須完全擦拭全乾才能使用，因打蛋白時，不能混有任何蛋黃或水、油，否則無法完全打發。

5　將 1/3 蛋白霜加入步驟 3 的蛋黃麵糊中，快速輕輕拌勻，再倒入 1/3 蛋白霜輕輕拌勻，最後倒入剩餘 1/3 蛋白霜快速拌勻。

6　將麵糊倒入蛋糕模型內將表面修飾平整後，將模型輕敲桌面兩下，將多餘空氣震出。

　　Tips 所用的模型不可抹油撒粉或使用防沾材料，以增加蛋糕糊膨脹所需的附著力。

7　放入預熱至 160℃的烤箱，烘烤 35 ～ 40 分鐘。

8　出爐後倒扣，需充分冷卻後才可脫模，以免過度收縮變小。

9　將蘋果切成丁狀，以中小火煮至收汁，再放在蛋糕表面裝飾即可。

| 每份 | 淨碳水化合物
8.3g | 脂肪
30g | 蛋白質
11g | 膳食纖維
1.8g | 熱量
388kcal | 冷藏保存
3天 |

橙汁與橙片帶來雙重風味

橙汁戚風蛋糕

材料（6 人份）

蛋黃麵糊

蛋黃 … 7 個

鹽 … 0.5g

橄欖油 … 50g

柳橙汁 … 240g

柳橙皮 … 1 顆

杏仁粉 … 150g

無鋁泡打粉 … 1 小匙

蛋白霜

蛋白 … 7 個

赤藻糖醇 … 60g

檸檬汁 … 10g

工具

電子秤

打蛋器

電動攪拌器

篩網

攪拌盆

刮刀

蛋糕烤模

烤箱

作法

1 烤箱先以 160℃進行預熱。

2 將全部材料計量完成。

3 取出 7 顆蛋黃的量，將蛋黃用打蛋器打散，再加入鹽、橄欖油、柳橙汁、柳橙皮攪拌均勻，再混合過篩的粉類（杏仁粉、無鋁泡打粉），再輕輕拌勻成蛋黃麵糊。

4 製作蛋白霜。將蛋白加入糖、檸檬汁用電動攪拌器打到呈現硬挺狀，可看出波浪紋。

> **Tips** 攪拌盆必須完全擦拭全乾才能使用，因打蛋白時，不能混有任何蛋黃或水、油，否則無法完全打發。

5 將 1/3 蛋白霜加入步驟 3 的蛋黃麵糊中，快速輕輕拌勻，再倒入 1/3 蛋白霜輕輕拌勻，最後倒入剩餘 1/3 蛋白霜快速拌勻。

6 將麵糊倒入蛋糕模型內將表面修飾平整後，將模型輕敲桌面兩下，將多餘空氣震出。

> **Tips** 所用的模型不可抹油撒粉或使用防沾材料，以增加蛋糕糊膨脹所需的附著力。

7 放入預熱至 160℃的烤箱，烘烤 35 ～ 40 分鐘。

8 出爐後倒扣，需充分冷卻後才可脫模，以免過度收縮變小。

9 可視個人喜好，在蛋糕表面淋上柳橙果醬與柳橙切片（營養成分不包含圖中的柳橙裝飾物）。

改良版戚風蛋糕

　　戚風蛋糕（Chiffon cake）主要用蛋白、蛋黃、發粉、麵粉及植物油烘烤而成。戚風蛋糕最大特色是口感鬆軟，採用蛋黃蛋白分開打發的技巧，使蛋糕內有充分的空氣進而產生細緻的口感，這道改良版的戚風蛋糕以同樣的技巧，改以杏仁粉、橄欖油為替代配方，大家不妨試做看看。

| 每份 | 淨碳水化合物 1.1 g | 脂肪 23.8 g | 蛋白質 9.3 g | 膳食纖維 1.2 g | 熱量 315 kcal | 冷藏保存 3 天 |

全蛋打發法，無發粉更健康

椰子粉杯子小蛋糕

材料（1 人份）

雞蛋（全蛋）… 2 顆

赤藻糖醇 … 2 大匙

杏仁粉 … 50g

椰子粉 … 10g

椰子油 … 10g

工具

電子秤

打蛋器

電動攪拌器

篩網

攪拌盆

刮刀

蛋糕烤模

烤箱

作法

1　烤箱先以 180℃進行預熱。

2　將全部材料計量完成。

3　將雞蛋、赤藻糖醇加入攪拌盆中，以電動攪拌器高速打發至白色，蛋糊呈現濃稠狀態，可畫出 8 的形狀。

4　將杏仁粉、椰子粉以篩網反覆過篩兩次，加入步驟 3 的攪拌盆中，再加入椰子油攪拌均勻，形成麵糊。

5　將麵糊倒入烤模內，輕敲桌面幾下以排出空氣。

6　放入預熱至 180℃的烤箱，烤約 12 ～ 15 分鐘即完成。

7　出爐後放涼，撒上椰子絲（材料分量外）裝飾。

善用椰子粉、椰子絲製作甜點

雖然製作低醣生酮甜點所使用的食材有所受限，不過換個角度想，反而更能符合一般較少玩烘焙者的需求，因為只要反覆利用幾樣材料，就可以變化出不同口味的甜點。像是這道收錄在《低醣・生酮常備菜》一書裡的「椰子巧克力」，同樣利用雞蛋、赤藻糖醇、杏仁粉、椰子絲等，但多加了椰奶和可可粉，就變成了另一道可口的甜點。包覆著椰子絲的甜點，可以增加香氣和口感呢！

每份	淨碳水化合物	脂肪	蛋白質	膳食纖維	熱量	冷藏保存
	24g	**46**g	**19**g	**2.5**g	**551**kcal	**3**天

值得費心製作的濃情巧克力蛋糕

生酮巧克力蛋糕

材料（6 人份）

巧克力麵糊

蛋黃 … 3 顆

無鹽奶油 … 100g

赤藻糖醇 … 30g

鹽 … 1/3 茶匙

100% 苦甜巧克力磚 … 100g

杏仁粉 … 130g

無糖杏仁奶 … 30g

蛋白霜

蛋白 … 3 顆

檸檬汁 … 20g

赤藻糖醇 … 30g

工具

電子秤

打蛋器

電動攪拌器

篩網

攪拌盆

刮刀

蛋糕烤模

烤箱

作法

1 烤箱先以 180℃進行預熱。

2 將全部材料計量完成。

3 先將蛋黃及蛋白分離備用。粉類材料過篩備用。

4 苦甜巧克力磚切碎，再以隔水加熱的方式融化備用。

5 將室溫的無鹽奶油放入攪拌盆中拌切成小塊，再用打蛋器攪打成乳霜狀。

6 加入赤藻糖醇及鹽攪拌至蓬鬆狀且顏色變淡。

7 依序將蛋黃、融化的苦甜巧克力醬、杏仁粉及杏仁奶加入攪拌均勻備用。

8 製作蛋白霜。將蛋白、檸檬汁、赤藻糖醇放入攪拌盆中，用電動攪拌器打成尾端挺立的蛋白霜。

9 先取 1/3 的蛋白霜加入步驟 7 的蛋黃麵糊中攪拌均勻，再將剩下的蛋白霜一起混合均勻。

10 將烤模周圍抹上薄薄的一層奶油，再將麵糊倒入，並用刮刀將表面修飾平整，輕敲桌面幾下，將多餘氣泡震出。

11 放入預熱至 180℃的烤箱中烘烤 20 分鐘，然後將溫度調降為 160℃再烘烤 15 分鐘即完成。

每份	淨碳水化合物	脂肪	蛋白質	膳食纖維	熱量	冷藏保存
	4.5g	**26**g	**9.7**g	**1**g	**321**kcal	**3**天

焦糖蘋果與乳酪起司的完美結合

焦糖蘋果乳酪蛋糕

材料（5 人份）

熟蘋果 … 1 顆

蛋糕底

自製奇亞籽餅乾 … 6 片
（參閱 p.88）

無鹽奶油 … 30g

乳酪蛋糕

奶油乳酪 … 225g

赤藻糖醇 … 30g

雞蛋 … 1 個

檸檬汁 … 1 小匙

工具

電子秤

打蛋器

電動攪拌器

篩網

攪拌盆

刮刀

蛋糕烤模

擀麵棍

平底鍋

烤箱

作法

1 烤箱先以 180℃進行預熱。

2 將全部材料計量完成。

3 蘋果切成小片，放入鍋中用中小火煎至蘋果焦糖化及水分收乾備用。

4 餅乾裝入塑膠袋內用擀麵棍壓成餅乾屑，加入奶油拌勻後再壓入模型底中，放入冰箱冰硬備用。

5 奶油乳酪放在室溫軟化後用湯匙攪拌一下，再加入赤藻糖醇攪拌至奶油乳酪呈現無顆粒的光滑狀。

6 加入雞蛋攪拌均勻再加入檸檬汁，用橡皮刮刀將乳酪糊刮入烤模內。

7 放入烤箱以隔水蒸烤的方式，在烤盤加一杯熱水，以 180℃烘烤約 40 分鐘。

8 取出後需等完全降溫後較易脫模，在蛋糕表面放上焦糖蘋果即完成。

| 每份 | 淨碳水化合物 **12.8** g | 脂肪 **38.4** g | 蛋白質 **7.4** g | 膳食纖維 **1** g | 熱量 **413** kcal | 冷藏保存 **3** 天 |

蓬鬆外型的法式甜點

原味舒芙蕾

材料（2 人份）

蛋黃 … 3 顆

牛奶 … 100g

無鹽奶油 … 30g

杏仁粉 … 20g

蛋白 … 3 顆

赤藻糖醇 … 30g

工具

電子秤	攪拌盆
打蛋器	刮刀
電動攪拌器	蛋糕烤模
篩網	烤箱

烤盅 3 ～ 4 個
（寬 8 ～ 9cm、高 4 ～ 5cm）

作法

1　烤箱先以 190℃進行預熱。

2　將全部材料計量完成。

3　在烤盅內層塗上奶油（材料分量外）後，放入冰箱冷藏 10 ～ 20 分鐘備用。

4　牛奶先以小火加熱至微溫備用。

5　開小火將奶油融化，接著加入過篩的杏仁粉、蛋黃攪拌均勻成麵糰。

6　麵糰成形後再加入步驟 4 熱好的牛奶，攪拌均勻。

7　將蛋白加入赤藻糖醇，用電動攪拌器打到呈現硬挺狀，可看出波浪紋。

8　取 1/3 蛋白霜加入麵糊中攪拌均勻，再分兩次加入剩下的蛋白霜，用刮刀以切拌的方式混合拌勻。

7　倒入烤盅中，並輕敲桌面使多餘氣泡散出。

8　放入烤箱，以 190℃烘烤 15 分鐘，或表面變色、蛋糕體升高即完成。

| 每份 | 淨碳水化合物
3.7g | 脂肪
26g | 蛋白質
11.5g | 膳食纖維
0.5g | 熱量
306kcal | 冷藏保存
2天 |

自己做最安心的蛋白霜

綠茶舒芙蕾

材料（4 人份）

- 蛋黃 … 3 顆
- 牛奶 … 100ml
- 無鹽奶油 … 30g
- 杏仁粉 … 50g
- 綠茶粉 … 50g
- 蛋白 … 3 顆
- 赤藻糖醇 … 30g

工具

- 電子秤
- 打蛋器
- 電動攪拌器
- 篩網
- 攪拌盆
- 刮刀
- 蛋糕烤模
- 擀麵棍
- 平底鍋
- 烤箱

作法

1 烤箱先以 190℃進行預熱。

2 將全部材料計量完成。

3 在烤盅內層塗上奶油（材料分量外）後，放入冰箱冷藏 10 ～ 20 分鐘備用。

4 牛奶先以小火加熱至微溫備用。

5 開小火將奶油融化後離火。加入過篩的杏仁粉與蛋黃，攪拌均勻。

6 將綠茶粉加入牛奶中，攪拌均勻後，再加入步驟 5 中，攪拌成麵糊。

7 將蛋白加入赤藻糖醇，用電動攪拌器打到呈現硬挺狀，可看出波浪紋。

8 取 1/3 蛋白霜加入麵糊中攪拌均勻，再分兩次加入剩下的蛋白霜，用刮刀以切拌的方式混合拌勻。

9 倒入烤盅中，並輕敲桌面使多餘氣泡散出。

10 放入烤箱，以 190℃烘烤 20 分鐘，或表面變色、蛋糕體升高即完成。

| 每份 | 淨碳水化合物 14.5g | 脂肪 15.5g | 蛋白質 10.8g | 膳食纖維 0.5g | 熱量 209kcal | 冷藏保存 2天 |

吃得到濃厚的咖啡香

咖啡舒芙蕾

材料（2 人份）

蛋黃 … 3 顆

牛奶 … 100ml

無鹽奶油 … 30g

杏仁粉 … 50g

咖啡粉 … 30g

蛋白 … 3 顆

赤藻糖醇 … 30g

工具

電子秤

打蛋器

電動攪拌器

篩網

攪拌盆

刮刀

蛋糕烤模

擀麵棍

平底鍋

烤箱

作法

1 烤箱先以 190℃進行預熱。

2 將全部材料計量完成。

3 在烤盅內層塗上奶油（材料分量外）後，放入冰箱冷藏 10 ～ 20 分鐘備用。

4 牛奶先以小火加熱至微溫備用。

5 開小火將奶油融化，接著加入蛋黃、過篩的杏仁粉、咖啡粉攪拌均勻成麵糊。

6 將蛋白加入赤藻糖醇，用電動攪拌器打到呈現硬挺狀，可看出波浪紋。

7 取 1/3 蛋白霜加入麵糊中攪拌均勻，再分兩次加入剩下的蛋白霜，用刮刀以切拌的方式混合拌勻。

8 倒入烤盅中，並輕敲桌面使多餘氣泡散出。

9 放入烤箱，以 190℃烘烤 20 分鐘，或表面變色、蛋糕體升高即完成。

Tips 取出後可在表面撒上咖啡粉裝飾並增加風味。

| 每份 | 淨碳水化合物
20.5g | 脂肪
19g | 蛋白質
19g | 膳食纖維
5g | 熱量
298kcal | 冷藏保存
2天 |

不添加奶油的天使蛋糕

藍莓天使蛋糕

材料（6 人份）

蛋白 … 210g

塔塔粉 … 1 小匙

甜菊糖 … 80g

杏仁粉 … 150g

鹽 … 0.5g

椰子粉 … 40g

水 … 160g

藍莓 … 1 盒（125g）

工具

電子秤

打蛋器

電動攪拌器

篩網

攪拌盆

刮刀

擀麵棍

8 吋活動蛋糕模型

平底鍋

烤箱

作法

1　烤箱先以 180℃進行預熱。

2　將全部材料計量完成。

3　用電動攪拌器將蛋白、塔塔粉打至起泡，再分次加入甜菊糖打到呈現硬挺狀，可看出波浪紋。

4　將杏仁粉、鹽、椰子粉過篩後加入蛋白霜中，輕輕攪拌一下，再把水分次加入輕輕拌勻，要注意不可過度攪拌。

5　將麵糊刮入模型中抹平，應該呈現濃稠而不易流動的狀態。

6　放入烤箱下層，烘烤 25 ～ 30 分鐘即完成。

7　在蛋糕上鋪上滿滿的藍莓，也可以撒上少許的糖粉，更添美味。

天使蛋糕

　　天使蛋糕（Angel Cake），是利用麵粉、蛋白、塔塔粉製成的海綿蛋糕。最大的特色是不使用奶油與蛋黃，所以口感清爽，主要是靠大量的新鮮蛋白支撐蛋糕體。而加入的塔塔粉（酒石酸氫鉀）較為特別，可用來幫助打發蛋白，使蛋白膨大，因為大量蛋白製作的蛋糕通常會偏黃且帶有鹼味，加入塔塔粉可以中和鹼味，顏色也會更為柔白好看。

每份	淨碳水化合物 2.3g	脂肪 13g	蛋白質 3g	膳食纖維 1.7g	熱量 202kcal	冷藏保存 3天

吃得到滿滿的南瓜泥香氣

南瓜泥蛋糕

材料（6人份）

- 杏仁粉 ⋯ 100g
- 南瓜籽油 ⋯ 50g
- 赤藻糖醇 ⋯ 50g
- 南瓜泥 ⋯ 200g
- 雞蛋 ⋯ 5 顆
- 南瓜籽 ⋯ 適量（置頂裝飾）

工具

- 電子秤
- 打蛋器
- 篩網
- 攪拌盆
- 電動攪拌器
- 長形烤模
- 烤箱
- 電鍋

作法

1 烤箱先以 160℃進行預熱。

2 將全部材料計量完成。

3 將南瓜切成小塊狀，放入電鍋裡蒸熟、蒸軟。

4 將蛋黃、蛋白分開，打入兩個攪拌盆裡。

5 在蛋黃盆內放入一半的赤藻糖醇，攪拌均勻後加入南瓜籽油再攪拌一下。接著放入南瓜泥攪拌，最後將杏仁粉過篩加入，攪拌均勻後靜置備用。

   Tips 南瓜泥不用過度壓碎，保留較完整的口感。

6 將剩下的赤藻糖醇分三次加入到蛋白盆中，用電動攪拌器將蛋白打至拉起後尖峰不會下垂的程度。

7 將步驟 5 拌好的蛋黃糊全部倒入蛋白霜中，用刮刀上下輕輕切拌均勻。

8 倒入長型模具中，並在桌面上敲打幾下以消除氣泡。

9 放入預熱好的烤箱中，以 160℃烘烤 40 分鐘即可。

10 放涼後脫模切片，最後將南瓜籽置頂即完成。

每份	淨碳水化合物	脂肪	蛋白質	膳食纖維	熱量	冷藏保存
	11.8 g	**19** g	**8.3** g	**1.5** g	**254** kcal	**3** 天

華麗豐盛的低醣點心

焦糖蘋果杏仁蛋糕

材料（6 人份）

| 杏仁粉 … 200g
| 雞蛋 … 5 顆
| 赤藻糖醇 … 30g
| 椰子油 … 50g
| 杏仁片 … 適量
| 較熟的蘋果 … 1 顆

工具

| 電子秤
| 量杯
| 篩網
| 攪拌盆
| 電動攪拌器
| 長形烤模
| 烤箱

作法

1　烤箱先以 180℃進行預熱。

2　將全部材料計量完成。

3　將蛋黃、蛋白分開，打入兩個攪拌盆裡。

4　在蛋黃盆內放入一半的赤藻糖醇，攪拌均勻後加入椰子油攪拌一下，再加入過篩的杏仁粉，攪拌均勻後靜置備用。

5　將剩下的赤藻糖醇分三次加入到蛋白盆中，用電動攪拌器將蛋白打至拉起後尖峰不會下垂的程度。

6　將步驟 4 拌好的蛋黃糊全部倒入蛋白霜中，用刮刀上下輕輕切拌均勻。

7　倒入長型模具中，並在桌面上敲打幾下以消除氣泡。

8　放入預熱好的烤箱中，以 160℃烘烤 40 分鐘即可。

9　將蘋果切成片狀，取一平底鍋，不加糖以小火直接乾煎至蘋果焦化備用。

10　放涼後脫模，將蛋糕橫切成二片長片，將一半的焦糖蘋果夾入蛋糕，另一半置頂、撒上杏仁片及少許糖粉即完成。

每份	淨碳水化合物 17.8 g	脂肪 23.8 g	蛋白質 9.2 g	膳食纖維 2 g	熱量 319 kcal	冷藏保存 3 天

以蘋果為主角的蛋糕

反烤蘋果派

材料（8 人份）

杏仁粉 … 100g

無鹽奶油 … 50g

赤藻糖醇 … 1/2 杯

較熟的蘋果 … 1 顆

雞蛋（全蛋）… 1 顆

工具

電子秤	刮刀
量杯	平底鍋
篩網	烤盅
攪拌盆	烤箱

作法

1　烤箱先以 200℃進行預熱。

2　將全部材料計量完成。

3　將蘋果切成片狀，放入鍋中以中小火乾煎，直到呈現濃郁的焦糖色。

4　在攪拌盆內加入無鹽奶油，用電動攪拌器以慢速打散，再加入全蛋、赤藻糖醇攪打至均勻。

5　加入過篩的杏仁粉，以刮刀輕拌成麵糊備用。

6　取一烤盅，在邊緣內刷上薄薄的奶油（材料分量外），將焦糖蘋果鋪在底部，再蓋上麵糊。

7　放入預熱好 200℃的烤箱烘烤 20 分鐘，取出放涼倒扣並撒上少許糖粉（也可省略）即完成。

每份	淨碳水化合物 7.8 g	脂肪 10 g	蛋白質 2 g	膳食纖維 0.9 g	熱量 139 kcal	冷藏保存 3 天

以奶油乳酪製成的香濃蛋糕

重乳酪蛋糕

材料（10 人份）

奶油乳酪 … 450ml

雞蛋 … 3 顆

赤藻糖醇 … 1/2 杯

自製奇亞籽餅乾 … 6 片
（請見 p.88）

工具

電子秤

量杯

篩網

攪拌盆

電動攪拌器

刮刀

烤模

烤箱

作法

1　烤箱先以 165℃進行預熱。

2　將全部材料計量完成；將奶油乳酪放於室溫軟化。

3　在蛋糕模上抹上奶油（材料分量外），再將自製的奇亞籽餅乾壓碎鋪在底部。

4　在攪拌盆內放入奶油乳酪，用電動攪拌器以慢速打散，再加入全蛋、赤藻糖醇攪打至均勻。

5　倒入模具中並壓平，放入烤箱以 165℃烘烤 30 分鐘，或直到凝固及表面微微上色

6　取出烤箱放涼 20 分鐘即可，也可冷藏一晚會更好吃。

奶油乳酪可變化出多種甜點

奶油乳酪（奶油乾酪）也是製作低醣生酮點心時可多加利用的好食材，這道「重乳酪蛋糕」以大量的奶油乳酪為基底，做出濃厚風味的乳酪蛋糕。也可以減少乳酪比例，加入可可粉與杏仁粉，製作出「生酮巧克力布朗尼」（請參考《低酮生酮常備菜》p.155）。

每份	淨碳水化合物 20g	脂肪 25g	蛋白質 7.5g	膳食纖維 2.2g	熱量 334kcal	冷藏保存 3天

烘焙材料店一覽表

北部地區

富盛烘焙材料行
基隆市仁愛區曲水街 18 號
（02）2425-9255

美豐商店
基隆市仁愛區孝一路 37 號
（02）2422-3200

全鴻烘焙 DIY 材料行
台北市信義區忠孝東路 5 段
743 巷 27 號 1 樓
（02）8785-9113

日光烘焙材料專門店
台北市信義區莊敬路 341 巷
19 號
（02）8780-2469

松美烘焙材料屋
台北市信義區忠孝東路 5 段
790 巷 62 弄 9 號
（02）2727-2063

橙佳坊
台北市南港區玉成街 211 號
（02）2786-5709

樂烘焙材料器具
台北市大安區和平東路三段
68-7 號
（02）2738-0306

明瑄烘焙原料行
台北市內湖區港墘路 36 號
（02）8751-9662

元寶實業
台北市內湖區瑞湖街
182 號
（02）2792-3837

嘉順烘焙材料行
台北市內湖區五分街 25 號
（02）2632-9999

義興西點原料行
台北市松山區富錦街 574 號
（02）2760-8115

申崧食品公司
台北市松山區延壽街 402 巷
2 弄 13 號
（02）27697251

全家烘焙材料行
台北市文山區羅斯福路 5 段
218 巷 36 號
（02）29320405

皇后烘焙
台北市士林區文林路 732 號
（02）2835-5511

飛訊烘焙材料
台北市士林區承德路四段
277 巷 83 號
（02）2883-0000

洪春梅西點器具行
台北市大同區民生西路
389 號
（02）2553-3859

燈燦食品有限公司
台北市大同區民樂街
125 號 1F
（02）2553-3434

白鐵號
台北市中山區民生東路二段
116 號
（02）2561-8776

永富坊
台北市中正區忠孝西路一段
37 號
（02）2331-1320

曙商實業股份有限公司
台北市中正區汀州路一段
242 巷 24 號 3 樓
（02）2305-8236

大家發食品原料廣場
台北縣板橋市三民路一段
101 號
（02）8953-9111

艾佳食品中和店
新北市中和區宜安路 118 巷
14 號
（02）8660-8895

安欣西點麵包器具材料行
新北市中和區連城路 389 巷
12 號
（02）2225-0018

**全家烘焙 DIY 材料行
（中和店）**
新北市中和區景安路 90 號
（02）2245-0396

溫馨屋烘焙坊
新北市淡水區英專路 78 號
（02）2621-4229

全國食材廣場有限公司
桃園市桃園區大有路 85 號
（03）333-9985

櫻枋烘焙材料行
桃園市龜山區南上路 122 號
（03）212-5683

陸光烘焙材料行
桃園市八德區陸光街 1 號
（03）362-9783

艾佳食品
桃園市桃園區永安路 281 號
（03）332-0178

中部地區

總信烘焙廚房
台中市南區復興路三段
109-5 號
（04）2229-1339

泓富 DIY 烘焙材料房
台中市南屯區永春東路
1122 號
（04）2380-7555

永誠烘焙材料行
台中市西區精誠路 317 號
（04）2472-7578

辰豐食品材料行
台中市西屯區中清路二段
1241 號
（04）2425-9869

齊誠食品原料行
（04）2234-3000
台中市北區雙十路二段 79 號

久久行 / 許多廚師道具
工房有限公司
台中市西屯區台灣大道四段
632 號
（04）2463-6099

永美食品材料行
台中市北區健行路 665 號
（04）2205-8587

摩吉斯烘焙樂園
台中市北屯區軍功路一段
237 號
（04）2437-6948

瑞輝食品原料餐飲設備
台中市東區三賢街215號（瑞
輝食品行）
（04）2213-0356

南部地區

銘泉食品材料行
台南市北區和緯路二段
223 號
（06）251-8007

台南烘焙樂工坊
台南市東區東寧路 510 巷
37 號
（06）2755-000

辰菓烘培食品材料行
台南市新營區健康路 18 號
（06）637 1126

開南食品有限公司
台南市永康區永大路二段
1052 號
（06）205 9166

烘焙樂工坊安南旗艦店
台南市安南區安中二街 21 巷
1 號
（06）256-2860

德興烘焙原料坊
高雄市三民區十全二路
101 號
（07）311-4311

十代餐飲烘焙
高雄市三民區懷安街 30 號
（07）386-1935

亞臻行 -
食品原料批發零售
高雄市三民區建國三路 86 號
（07）285-7686

十代餐飲烘焙教室
高雄市三民區覺民路 768 號
（07）386-1935

量美食品原料行
高雄市岡山區柳橋西路
64-5 號
（07）626-7228

福市企業有限公司
高雄市燕巢區鳳澄路
200-12 號
（07）615-2289

四海食品原料有限公司
屏東縣屏東市民生路 180 號
（08）733-5595

裕軒食品
屏東縣潮州鎮太平路 473 號
（08）788-7835

啟順食品有限公司
屏東縣屏東市民和路
73 號
（08）721-5160

HealthTree
健康樹 健康樹系列 104

低醣・生酮 10 分鐘甜點廚房

作者 彭安安 / 食譜設計
賴美娟 / 食譜審訂
攝影 范麗雯
總編輯 何玉美
選題企劃 采實文化編輯部
主編 紀欣怡
封面設計 比比司設計工作室
內文排版 許貴華

出版發行 采實文化事業股份有限公司
業務發行 張世明・林踏欣・林坤蓉・王貞玉
國際版權 鄒欣穎・施維真・王盈潔
印務採購 曾玉霞・謝素琴
會計行政 李韶婉・許俽瑀・張婕莛
法律顧問 第一國際法律事務所 余淑杏律師
電子信箱 acme@acmebook.com.tw
采實官網 http://www.acmebook.com.tw
采實粉絲團 http://www.facebook.com/acmebook01

ISBN 978-957-8950-02-3
定價 330 元
初版一刷 2018 年 1 月
初版十刷 2023 年 8 月
劃撥帳號 50148859
劃撥戶名 采實文化事業股份有限公司
104 台北市中山區南京東路二段 95 號 9 樓
電話：(02)2511-9798
傳真：(02)2571-3298

國家圖書館出版品預行編目資料

低糖 . 生酮 10 分鐘甜點廚房 / 彭安安作 . -- 初版 . -- 臺北市 : 采實文化 , 2018.01
面； 公分 . -- (健康樹系列 ; 104)
ISBN 978-957-8950-02-3(平裝)

1. 點心食譜

427.16 106021690

采實出版集團
ACME PUBLISHING GROUP

游能俊醫師的133低醣瘦身餐盤

超過30,000人次實證，有效擺脫高血糖、高血壓，瘦身減脂，遠離慢性病
【隨書附贈：可剪裁「食材測量表」】

游能俊 著

新陳代謝名醫，
卻差點也成為糖尿病患者？！
不吃藥、不禁食，
自創「133低醣餐盤」，
成功逆轉糖尿病前期、
甩肉24公斤！

◎我是糖尿病醫師，卻差點得了糖尿病

　　游能俊醫師行醫三十年，照顧過無數糖尿病患者，自己卻也曾陷入糖尿病前期的危險中，當時的BMI大於30，已達醫學認定的「肥胖」標準。身為醫師，常常叮嚀患者要減重，但自己體重卻超標，加上親友因糖尿病相繼罹病，讓他決定「以身試醣」進行飲食調控。

◎133低醣餐盤＝1份醣＋3份蛋白質＋3份蔬菜

　　游醫師過去一餐要吃上兩碗飯，現在則是推行「以菜配飯」，並以好記的1-3-3口訣，幫助大家快速掌握飲食原則。許多糖尿病患者執行後，可減少用藥劑量，甚至不少患者可停用胰島素，也能維持良好的血糖控制，糖尿病前期的人則恢復健康，多數人一個月可瘦下1～2公斤，且不易復胖，至今已超過30,000人次實證！不管是糖尿病患者或是想減重的一般人，都適用此飲食法。

Sunny營養師的168斷食瘦身餐盤

媽媽、阿嬤親身實證！6大類食物 × 95道家常料理，不挨餓的超強必瘦攻略
【隨書附贈：可剪裁「食物分量表」】

Sunny營養師（黃君聖） 著

「168斷食」，
就是16小時餓肚子、
8小時狂吃就會瘦？
不！關鍵在於8小時吃什麼、
怎麼吃！
營養師教你利用家中圓盤變身
「瘦身餐盤」，
均衡吃、不挨餓，連媽媽、
阿嬤都成功甩肉，
體脂降低、腰圍瘦一圈！

網路瘋傳、百萬點閱！幫媽媽、阿嬤168斷食瘦身成功的營養師，首度出書

　　畢業十五年後，才決心考取營養師證照的Sunny，為了全力衝刺考試，身材管理放一邊，考完試後才驚覺肚子已經掛上一圈肉，於是利用自身專業進行瘦身計劃，兩個月減掉8%體脂肪。他試過低醣、生酮、間歇斷食等各種瘦身法，深知減肥不是一天兩天的事，好好吃、能夠持續才是重點。他將「168斷食法」搭配上「瘦身餐盤」，帶入他們家的日常，不僅吃得飽足又均衡，連媽媽、阿嬤也成功瘦身，還將瘦身過程拍成影片，激勵百萬網友。

★ 讓媽媽、阿嬤都瘦下來的飲食改造計畫

　　Sunny希望運用自身專業，讓家人更健康，於是幫媽媽、阿嬤進行瘦身甩脂計畫，不到一個月就看見成效，不僅體態變輕盈、瘦身有感，還讓阿嬤的血糖獲得控制。

★ 營養師與媽媽聯手，95道美味家常菜，打造易瘦餐盤

　　瘦身之路如果餐餐都是燙青菜、水煮蛋，一定無法長久，所以Sunny營養師和擅長料理的媽媽，聯手設計出95道美味的家常料理，有菜有肉有點心，讓肚子飽足、內心滿足。